Prachi Singh
Shivam Srivastava
Chandra Kumar Dixit

Compreensão das energias renováveis

Prachi Singh
Shivam Srivastava
Chandra Kumar Dixit

Compreensão das energias renováveis

ScienciaScripts

Imprint
Any brand names and product names mentioned in this book are subject to trademark, brand or patent protection and are trademarks or registered trademarks of their respective holders. The use of brand names, product names, common names, trade names, product descriptions etc. even without a particular marking in this work is in no way to be construed to mean that such names may be regarded as unrestricted in respect of trademark and brand protection legislation and could thus be used by anyone.

Cover image: www.ingimage.com

This book is a translation from the original published under ISBN 978-620-7-80877-9.

Publisher:
Sciencia Scripts
is a trademark of
Dodo Books Indian Ocean Ltd. and OmniScriptum S.R.L publishing group

120 High Road, East Finchley, London, N2 9ED, United Kingdom
Str. Armeneasca 28/1, office 1, Chisinau MD-2012, Republic of Moldova, Europe
Printed at: see last page
ISBN: 978-620-7-94134-6

Índice

INTRODUÇÃO

As fontes de energia renováveis estão disponíveis em abundância à nossa volta, como a luz solar e o vento. A energia renovável é derivada de processos e fontes naturais que são constantemente reabastecidos. A refrigeração/aquecimento do ar, a refrigeração/aquecimento da água, a produção de eletricidade, o sector rural e os transportes estão entre as áreas mais importantes em que são utilizados recursos energéticos renováveis. Por outro lado, os combustíveis fósseis (carvão, petróleo e gás) são recursos não renováveis que se formam naturalmente na crosta terrestre a partir dos restos de plantas e animais mortos, um processo que demora centenas de milhões de anos. No entanto, a sua oferta é limitada e acabará por se esgotar. Quando os combustíveis fósseis são queimados para produzir energia, emitem gases nocivos com efeito de estufa, como o dióxido de carbono, o monóxido de carbono e os óxidos de azoto, que provocam doenças respiratórias, doenças cardiovasculares, asma e cancro, e que são igualmente nocivos para os seres humanos, mas também para os peixes e as plantas, contribuindo igualmente para o smog. As fontes de energia renováveis, como a biomassa, a energia geotérmica, a energia eólica, a energia solar, a energia das marés e a energia das ondas, são sustentáveis e podem ser reabastecidas naturalmente. Ao contrário dos combustíveis fósseis, estas fontes são abundantes e têm um impacto ambiental mínimo. A construção de infra-estruturas de energias renováveis produz muito menos emissões do que a queima de combustíveis fósseis. Atualmente, a queima de combustíveis fósseis é responsável pela maioria das emissões, os cientistas do clima também concordaram que a temperatura média da Terra aumentou no último século. Se esta tendência se mantiver, o nível do mar aumentará e os cientistas prevêem que as inundações, as ondas de calor, as secas e outras condições meteorológicas extremas poderão ocorrer com maior frequência. Outros poluentes são libertados no ar, no solo e na água quando os combustíveis fósseis são queimados. Estes poluentes têm um impacto dramático no ambiente e nos seres humanos. As energias renováveis são cruciais para enfrentar a crise climática. As tecnologias de energias renováveis são "limpas" ou "verdes" porque produzem poucos ou nenhuns poluentes. A queima de combustíveis fósseis, no entanto, emite gases com efeito de estufa para a atmosfera, retendo o calor do sol e contribuindo para o aquecimento global. Além disso, são mais baratos do que os combustíveis fósseis e geram três vezes mais emprego. O termo "renovável" é normalmente aplicado a tecnologias e recursos energéticos com a caraterística geral de não se poderem esgotar ou esgotar e de poderem ser naturalmente reabastecidos. Os recursos energéticos renováveis estão disponíveis no nosso ambiente sob a forma de vento, ondas, energia solar, queda de água, materiais vegetais (biomassa), calor da terra (geotérmica), correntes oceânicas, diferenças de temperatura nos oceanos e a energia das marés. As tecnologias de energias renováveis geram eletricidade, calor ou energia mecânica transformando estes recursos em energia eléctrica ou energia cinética. Os decisores políticos preocupados com o desenvolvimento do sistema de rede nacional concentrar-se-ão nos recursos que se estabeleceram comercialmente e que são rentáveis para aplicações na rede. As tecnologias comercialmente viáveis neste domínio incluem a energia hidroelétrica, a energia solar, os combustíveis derivados da biomassa, a energia eólica e a energia geotérmica. No entanto, a energia das ondas, a energia das correntes oceânicas, a energia térmica dos oceanos e outras tecnologias emergentes, bem como os sistemas de energia renovável não eléctrica, como os aquecedores solares de água e as bombas de calor geotérmicas, embora também aproveitem recursos renováveis, não são abrangidos pelo âmbito deste manual. Para criar um quadro legal que facilite o investimento do sector privado em recursos e tecnologias renováveis, os estrategas políticos utilizam três abordagens conceptuais. Estas englobam definições técnicas, políticas e legais para determinar quais os recursos que merecem ser classificados como recursos renováveis. Inicialmente, é estabelecida uma definição alargada de Recursos Renováveis, seguida de definições específicas para cada recurso. De um ponto de vista político, os recursos energéticos renováveis podem ser classificados com base em várias metas ou objectivos. Por exemplo, dentro de um determinado país, os recursos podem ser distinguidos pelo seu nível de estabelecimento, potencial de desenvolvimento ou base de clientes, seja ela rural ou urbana. A perspetiva política dos decisores políticos pode levar a um tratamento diferenciado de recursos estabelecidos, como as grandes centrais hidroeléctricas, em comparação com recursos emergentes, como a geotermia, com variações observadas em diferentes países. Além disso, os recursos renováveis podem ser avaliados de forma diferente com base na sua adequação a aplicações urbanas ou rurais. É fundamental evitar definições operacionais. Em vez disso, se diferentes tipos de energia hidroelétrica exigirem um tratamento distinto por razões políticas ou jurídicas, essa diferenciação deve ser abordada utilizando uma linguagem operacional e não através de uma definição. Do ponto de vista legal, é essencial examinar as leis existentes, como as que regem o uso da terra, a água, a exploração mineira e os hidrocarbonetos, para determinar a sua jurisdição e aplicabilidade aos recursos renováveis. É fundamental definir quais as tecnologias que se qualificam como "renováveis" para efeitos legislativos. A legislação pode adaptar a definição de "recursos renováveis" de acordo com o estado de desenvolvimento dos recursos naturais do país. No entanto, se uma lei interpretar estritamente o termo "recursos renováveis" dentro do seu contexto, está vinculada à definição da legislação. Por exemplo, se uma lei define o carvão como "renovável" mas exclui o vento, esta definição legal é válida independentemente das caraterísticas técnicas de qualquer um dos combustíveis. Geralmente, os regimes jurídicos distinguem "energia renovável" como combustíveis naturalmente reabastecíveis, contrastando-os com recursos de stock fixo como os combustíveis fósseis (como o carvão, o petróleo, o gás natural, as areias betuminosas e os xistos betuminosos) e os combustíveis nucleares (incluindo o urânio, o tório, o deutério e o lítio) [1-8].

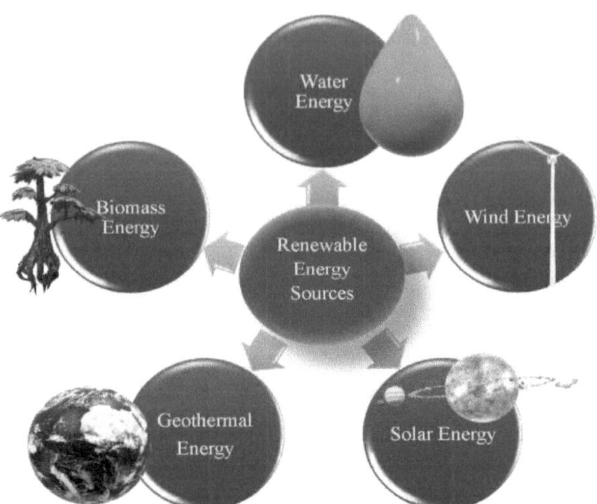

Figura.1 Fontes de energia renovável

A IRENA, conhecida como a Agência Internacional para as Energias Renováveis, ajuda as nações a mudarem para fontes de energia sustentáveis e actua como um ponto central para a colaboração global, a partilha de informações e o avanço das políticas. Defende a utilização de diversas fontes de energia renováveis para alcançar um desenvolvimento sustentável, melhorar o acesso à energia e promover um crescimento económico amigo do ambiente. A IRENA fornece serviços fiáveis, facilita os debates, divulga abordagens bem sucedidas e estimula o investimento e as soluções inventivas. Estabelece parcerias com uma série de partes interessadas, incluindo organismos governamentais, organizações não governamentais e empresas privadas, para promover um panorama energético sustentável através de esforços de colaboração e da divulgação de conhecimentos [9].

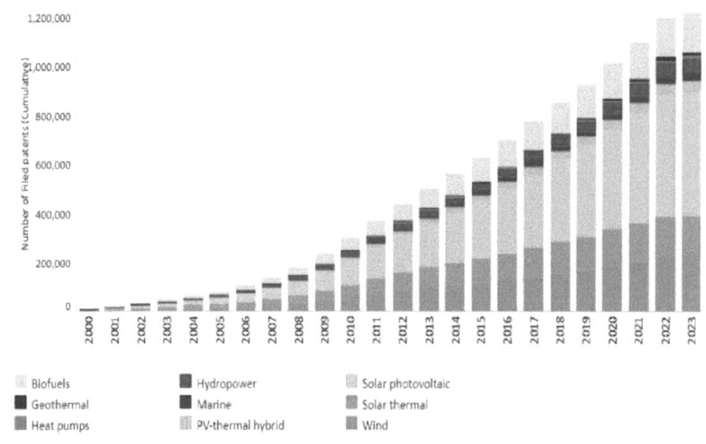

Figura.2 Evolução das patentes de energias renováveis (Fonte: IRENA INSPIRE (www.irena.org/Inspire) com base na edição de outono do EPO PATSTAT 2023 e na classificação das tecnologias de mitigação das alterações climáticas (YO2) do EPO.

A AIE (Agência Internacional da Energia), criada em 1974 em resposta às perturbações no aprovisionamento de petróleo, evoluiu e tornou-se um ator fundamental no diálogo mundial sobre energia. Fornece análises, dados e recomendações políticas para garantir um acesso seguro e sustentável à energia em todo o mundo. Embora a segurança do petróleo continue a ser uma prioridade, a AIE alargou o seu âmbito de modo a abranger todas as fontes e tecnologias energéticas. Defende políticas que melhorem a fiabilidade, a acessibilidade e a sustentabilidade da energia, abordando várias questões como as energias renováveis, o petróleo, o gás, o fornecimento de carvão, a eficiência energética, as tecnologias de energia limpa, os sistemas de eletricidade e o acesso à energia. Desde 2015, a AIE alargou o seu envolvimento às principais economias emergentes, promovendo uma colaboração mais profunda em matéria de segurança energética, análise de dados, desenvolvimento de políticas, eficiência energética e adoção de tecnologias de energia limpa. De acordo com o relatório da AIE, em 2023, a adição de capacidade de eletricidade renovável subiu para aproximadamente 507 GW, marcando um aumento de quase 50% em comparação com 2022, impulsionado por um apoio político consistente em mais de 130 nações, o que alterou significativamente a trajetória de crescimento global. Esta notável aceleração global foi principalmente alimentada pela expansão ano após ano no próspero mercado solar fotovoltaico (PV) da China (+116%) e no sector eólico (+66%). Nos próximos cinco anos, prevê-se que a tendência de aumento da capacidade de produção de energia renovável se mantenha, com a energia solar fotovoltaica e a energia eólica a representarem um recorde de 96% do total. Esta predominância é atribuída aos seus custos de produção mais baixos em comparação com as alternativas fósseis e não fósseis na maioria dos países, juntamente com o atual apoio político [10].

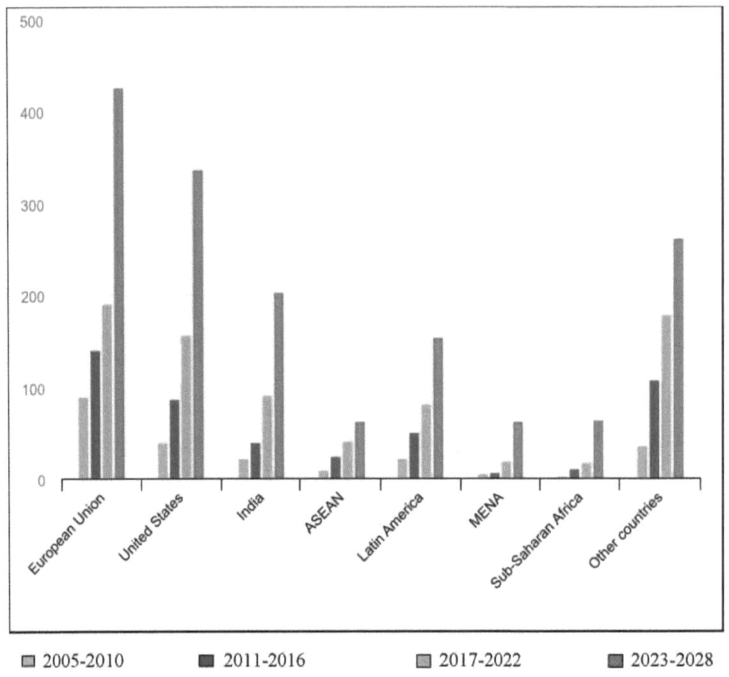

Figura.3 Crescimento da capacidade de produção de eletricidade renovável por país ou região, caso principal, 20052028 (Esta figura tem como fonte a AIE. Licença: CC BY 4.0)

A transição para as energias renováveis foi motivada por vários desafios globais, como as alarmantes projecções climáticas, a escalada dos preços dos combustíveis fósseis, a instabilidade económica e uma crise energética crítica. Felizmente, as fontes de energia renováveis têm-se tornado mais fiáveis e rentáveis ao longo do tempo. Consequentemente, desde 2011, as energias renováveis têm registado um crescimento mais rápido em comparação com todas as outras fontes de energia. Em 2022, as energias renováveis registaram outro ano marcante, com a capacidade de energia instalada a expandir-se em 348 gigawatts (GW), o maior aumento de sempre. Atualmente, 30 % da nossa eletricidade provém de energias renováveis, estando esta percentagem a aumentar de forma constante. A crescente contribuição da eletricidade para o consumo final total de energia em vários sectores tem facilitado uma maior incorporação de energias renováveis. Apesar do acordo generalizado sobre a necessidade de passar dos combustíveis fósseis para as energias renováveis e a subsequente expansão das fontes de energia renováveis, este sector continua a enfrentar obstáculos significativos. O sector luta para competir de forma justa com os combustíveis fósseis fortemente subsidiados, o que leva a que os combustíveis fósseis continuem a predominar na produção global de energia. Além disso, a poluição causada pela utilização de combustíveis fósseis atingiu níveis sem precedentes.

CAPÍTULO 1: ENERGIA SOLAR

A humanidade deve dar prioridade, a nível mundial, aos recursos energéticos renováveis, devido aos impactos negativos e aos constrangimentos associados às fontes de energia não renováveis. Factores como o aquecimento global, as emissões de gases com efeito de estufa, a flutuação dos preços do petróleo e a necessidade cada vez maior de eletricidade sublinham a urgência de soluções inovadoras. Consequentemente, as energias renováveis emergem como um ator fundamental na definição da dinâmica energética atual e das estratégias de desenvolvimento futuro. Apesar de desafios como a transmissão limitada de energia, a energia solar, uma das principais fontes renováveis, tem registado avanços significativos e uma adoção generalizada. A energia solar apresenta várias vantagens em relação aos combustíveis fósseis tradicionais, como a redução das emissões de carbono, um ar mais limpo e a capacidade de se reabastecer durante a vida humana. Dada a crescente procura mundial de eletricidade, os investigadores estão a investir fortemente no aperfeiçoamento das tecnologias de energia solar para atingir níveis de eficiência mais elevados a custos reduzidos e com menor impacto ambiental [11-13].

A energia solar é uma energia renovável e, por isso, nunca acabará. Por esta razão, podemos utilizá-la livremente, de forma eficaz e eficiente. A energia solar, enquanto fonte renovável, consiste na penetração dos raios solares na atmosfera terrestre, sendo posteriormente convertidos em luz visível. Esta luz é então absorvida pelos painéis solares, onde é transformada em eletricidade através da utilização de células solares. A luz solar e o calor são captados e transformados em vários tipos de energia. Uma das energias renováveis é a energia solar, que é a transformação da energia solar. A maior parte da luz solar é convertida em luz visível e radiação infravermelha depois de atravessar a atmosfera da Terra. Estas energias são transformadas em eletricidade através de painéis de células solares. A energia solar tem sido objeto de um desenvolvimento significativo e de uma aplicação generalizada devido aos constrangimentos no transporte de energia. A energia solar apresenta frequentemente numerosas vantagens em relação aos combustíveis fósseis, como o carvão e o petróleo, uma vez que contribui para a limpeza do ar, emite menos gases com efeito de estufa e é capaz de se regenerar durante a vida humana. O atual cenário global resultou num aumento do consumo mundial de eletricidade. Consequentemente, os investigadores têm concentrado os seus esforços no desenvolvimento de tecnologias de energia solar que permitam atingir elevados níveis de eficiência com custos de investimento mínimos e com reduzida poluição ambiental [12-15].

Como funciona a energia solar

A energia solar, derivada da energia radiante do sol, é uma fonte de energia renovável e amiga do ambiente. É obtida através de várias tecnologias, principalmente células fotovoltaicas e sistemas solares térmicos. As células fotovoltaicas, vulgarmente conhecidas como painéis solares, convertem diretamente a luz solar em eletricidade através do efeito fotoelétrico. Normalmente feitas de materiais semicondutores como o silício, estas células libertam electrões quando iluminadas pela luz solar. A energia solar, proveniente da luz do sol que atinge a superfície da Terra, é o resultado de reacções contínuas de fusão nuclear no núcleo do sol. Estas reacções envolvem a fusão de protões, semelhantes aos átomos de hidrogénio, gerando hélio e libertando energia substancial juntamente com protões adicionais. Este processo de fusão ocorre perpetuamente, produzindo uns espantosos 500 milhões de toneladas de átomos de hidrogénio por segundo. A intensidade da energia solar varia em função da distância Sol-Terra, atingindo o seu mínimo em dezembro (solstício de inverno) e o seu máximo em junho (solstício de verão) de cada ano. Estas distâncias, de aproximadamente $1,471x10^{11}$ e $1,521x10^{11}$ metros respetivamente, influenciam a quantidade de radiação solar interceptada pela Terra ao longo do ano, com uma média de $1,496x10^{11}$ metros. A energia solar partilha caraterísticas com a radiação electromagnética, abrangendo comprimentos de onda de aproximadamente $0,3x10\wedge^{6}$ a mais de $3x10\wedge^{6}$ metros, englobando os comprimentos de onda ultravioleta, visível e infravermelho. Esta energia reside predominantemente nos espectros de comprimento de onda do visível e do infravermelho próximo. A radiação solar que atinge a superfície da Terra, designada por insolação, é medida em irradiância ou kW/m2. A radiação solar total recebida em condições normais fora da atmosfera, conhecida como insolação extra-terrestre e considerando a distância média sol-terra, é denominada constante solar, recentemente medida em 1366,10W/m2. A energia solar surge como uma fonte de energia renovável amplamente aceite, amplamente utilizada em várias aplicações, como a secagem, a cozedura, o aquecimento de água e o aquecimento de espaços. Além disso, serve indiretamente através da conversão noutras formas de energia, como a eletricidade para os transportes. A aplicação prática da energia solar privilegia predominantemente a utilização do calor em detrimento da utilização da luz [16].

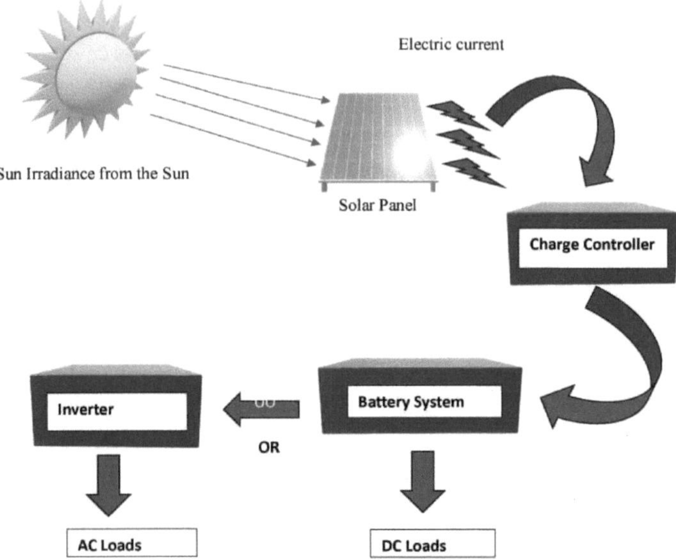

Figura: 4 Diagrama de blocos do funcionamento da energia solar

Apresentamos aqui o diagrama de blocos da energia solar e os seus principais componentes.

Painéis solares (módulos fotovoltaicos)- Os painéis solares, também designados por módulos fotovoltaicos, funcionam como os principais componentes responsáveis pela captação da luz solar e pela sua conversão em energia eléctrica através do efeito fotovoltaico. Normalmente fabricados a partir de materiais semicondutores como o silício, estes painéis são parte integrante dos sistemas de energia solar.

Inversor - O inversor desempenha um papel fundamental nas instalações de energia solar, transformando a eletricidade de corrente contínua (CC) produzida pelos painéis solares em corrente alternada (CA), que é compatível com a maioria dos dispositivos eléctricos e com a rede eléctrica.

Controlador de carga - Nos sistemas solares fora da rede equipados com capacidades de armazenamento de energia, é utilizado um controlador de carga para regular os processos de carga e descarga das baterias. A sua principal função é evitar casos de sobrecarga e descarga excessiva, prolongando assim a longevidade das baterias.

Banco de baterias - Em sistemas solares híbridos ou fora da rede, em que o armazenamento de energia é crucial para reter a eletricidade excedente gerada durante períodos de sol para utilização posterior em dias nublados ou à noite, é utilizado um banco de baterias para armazenar esta energia excedente.

Carga - O termo "carga" refere-se aos aparelhos eléctricos ou dispositivos que consomem a eletricidade gerada pelo sistema de energia solar. Esta categoria inclui uma gama diversificada de electrodomésticos, dispositivos de iluminação e outros equipamentos eléctricos.

Tipos de energia solar

O aproveitamento do calor do sol permite a produção de dois tipos diferentes de energia solar. São eles

- Energia solar passiva
- Energia solar ativa

- **Energia Solar Passiva -** Representa um método de energia solar independente de fontes de energia externas, com o objetivo de maximizar a utilização da luz solar direta. Este conceito revela-se benéfico na arquitetura bioclimática. Por exemplo: Paredes espessas e isoladas regulam a temperatura da casa, mantendo-a fresca no verão e retendo o calor no inverno. As superfícies escuras absorvem a luz solar de forma eficiente.
- **Energia solar ativa -** A energia solar ativa refere-se à utilização da luz solar para produzir eletricidade diretamente através de dispositivos como os painéis solares. O aquecimento solar ativo funciona através da utilização de colectores, mecanismos de armazenamento e bombas de calor para recolher a energia solar e dispersá-la dentro de uma casa ou estrutura. Os exemplos de energia solar ativa abrangem várias tecnologias. Estas incluem painéis solares fotovoltaicos, que produzem eletricidade diretamente, aquecedores solares de água que geram água quente para fins comerciais e residenciais, e sistemas de energia solar concentrada, que envolvem centrais eléctricas que concentram a luz solar para acionar turbinas a vapor utilizando o calor gerado [17-18].

As principais categorias de energia solar são:

- Energia solar fotovoltaica
- Energia solar térmica

- **Energia solar fotovoltaica -** A energia solar fotovoltaica (PV) é um tipo de energia renovável que está a registar um rápido crescimento a nível mundial. Para acompanhar este crescimento, tem havido desenvolvimentos contínuos em materiais, consumo de energia para o fabrico, conceção de dispositivos, tecnologias de fabrico e conceitos inovadores para melhorar a eficiência global das células. As perspectivas de vários autores sobre a energia solar fotovoltaica foram consultadas durante as fases iniciais deste estudo. É evidente que estas perspectivas partilham termos comuns como (I) eletricidade, (II) radiação solar, (III) produção direta e (IV) conversão nas suas definições de energia solar fotovoltaica. Assim, pode ser adoptada uma definição de energia solar fotovoltaica como eletricidade derivada diretamente da conversão da energia solar. O efeito fotovoltaico, descoberto pela primeira vez por Becquerel em 1839, converte a energia solar em eletricidade. Este processo ocorre nos semicondutores, que têm duas bandas de energia - uma que permite a existência de electrões (banda de valência) e a outra que está completamente vazia (banda de condução). Os semicondutores distinguem-se pela presença de quatro electrões que se ligam aos seus vizinhos para formar uma rede cristalina. O papel da luz solar no efeito fotovoltaico é fornecer energia suficiente para que o eletrão mais externo migre da banda de valência para a banda de condução, gerando assim eletricidade. No silício, os electrões necessitam de 1,12 eV (eletrão-volt) para ultrapassar o intervalo de energia. Além disso, o material semicondutor tem de absorver uma parte significativa do espetro solar. Quase todos os dispositivos fotovoltaicos contêm uma junção PN num semicondutor, que gera tensão fotovoltaica. Estas tecnologias são também conhecidas como células solares ou células fotovoltaicas. A junção PN, que inclui a região recetora de luz feita de material do tipo N e o resto da célula feita de material do tipo P, é uma parte crucial da célula. Ao contrário das fontes de energia tradicionais, como os combustíveis fósseis, a tecnologia fotovoltaica não apresenta problemas ambientais graves durante a produção, como as alterações climáticas, o aquecimento global, a poluição atmosférica ou a chuva ácida. A energia solar também elimina a necessidade de extração, refinamento ou transporte para o local de produção, que é normalmente próximo da carga. No entanto, certas fases do seu ciclo de vida, como o fabrico de células solares, a montagem de módulos fotovoltaicos e o transporte de materiais, requerem um consumo significativo de energia e produzem gases com efeito de estufa. Os métodos fotovoltaicos utilizam mais material, recursos humanos e capital por unidade de energia produzida do que as tecnologias nucleares. Apesar de os dados poderem estar distorcidos, evidenciam a ineficiência das tecnologias fotovoltaicas em zonas com luz solar moderada. Essas zonas requerem infra-estruturas paralelas de fornecimento de energia devido à natureza intermitente da produção de eletricidade. A energia solar fotovoltaica tem menos impacto ambiental em comparação com outras fontes renováveis, como a energia hidroelétrica, que implica a alteração do caudal dos rios e a inundação de vastas áreas agrícolas e florestais. Outro aspeto a ter em conta é o custo de exploração, que é mais elevado para a produção de energia hidroelétrica do que para a produção de energia solar. Apesar da redução da produção em dias nublados, a energia solar é abundante, e os níveis de água das barragens permanecem restritos durante as secas. Além disso, a energia solar fotovoltaica é mais silenciosa do que a energia eólica e pode ser implantada em ambientes urbanos através da colocação de painéis nos telhados [19-21].

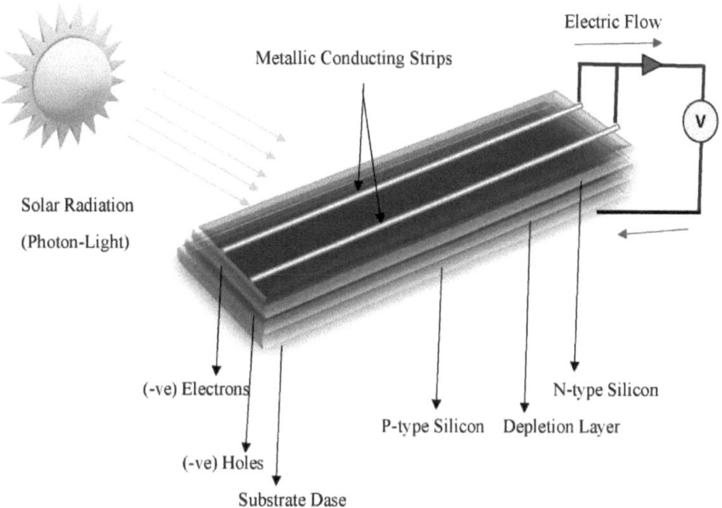

Figura: 5 A figura acima mostra a energia solar fotovoltaica

Os sistemas solares activos que utilizam a tecnologia fotovoltaica produzem eletricidade e podem ser adaptados a várias aplicações, tais como projectos residenciais, industriais ou de desenvolvimento urbano. Estes sistemas aproveitam a eletricidade através da condução de calor nos painéis fotovoltaicos, que são integrados em estruturas adequadas. Além disso, têm potencial para serem integrados com outras fontes de energia renováveis, como a energia eólica [21-22].

Vantagens da energia solar fotovoltaica - As células fotovoltaicas são amigas do ambiente e produzem energia limpa e verde sem emitir gases com efeito de estufa durante a produção de eletricidade, o que as torna seguras para o ambiente.

Os painéis solares fotovoltaicos geram energia limpa e renovável, promovendo o emprego local e o desenvolvimento sustentável, ao mesmo tempo que reduzem as emissões de carbono. Um sistema fotovoltaico é constituído por módulos solares, cada um dos quais contém várias células solares para a produção de eletricidade. Estes sistemas podem ser instalados em várias configurações, incluindo configurações montadas no solo, no telhado, na parede ou flutuantes, muitas vezes equipadas com suportes que actuam como seguidores solares para seguir o movimento do sol. Para utilizar a energia fotovoltaica de forma eficaz, são necessários sistemas de armazenamento de energia para compensar os inconvenientes e os custos adicionais associados à dependência exclusiva das linhas eléctricas, como a produção de energia instável. Com uma vida útil que varia entre 10 e 30 anos, os sistemas fotovoltaicos oferecem uma solução económica.

Desvantagem da energia solar fotovoltáica - a energia eólica, todas as outras formas de energia renovável enfrentam problemas de intermitência. A energia solar, por exemplo, é afetada por factores como a noite, o céu nublado ou a chuva, o que torna os painéis solares menos fiáveis. Além disso, os painéis solares requerem um espaço significativo para a sua instalação, o que coloca desafios na procura de áreas adequadas com uma ocupação mínima do espaço. Uma vez que os painéis solares requerem pouca manutenção e são económicos, são frequentemente frágeis e propensos a danos [22].

- **Energia solar térmica** - A produção de energia solar-térmica funciona através da captação da radiação solar por meio de reflectores, dirigindo a luz solar para um permutador de calor semelhante a um condensador. Esta energia solar concentrada aquece um meio no sistema, normalmente um fluido de transferência de calor como o óleo de condução de calor ou o sal fundido. Através da troca de calor, este fluido transfere o seu calor para a água, gerando vapor a alta pressão. O vapor acciona uma turbina ligada a um gerador, produzindo eletricidade. Este processo, que converte a luz em calor, depois em energia mecânica e finalmente em energia eléctrica, é conhecido como tecnologia de energia solar concentrada. Na sua essência, os princípios e a configuração do equipamento de produção de energia solar térmica são muito semelhantes aos das centrais eléctricas tradicionais a combustíveis fósseis. A principal diferença reside na fonte de calor, uma vez que a energia solar térmica aproveita a energia limpa e abundante do sol [23-24]. Por outras palavras, o sistema de energia solar térmica aproveita ativamente a energia do sol, recolhendo e armazenando o calor antes de o transferir para fluidos e ar para diversos fins. Os painéis solares para energia térmica podem também ser inclinados para otimizar a absorção de calor.

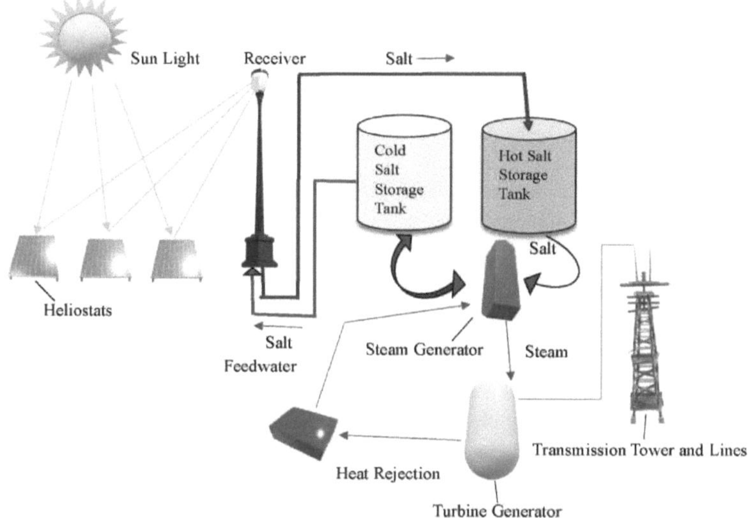

Figura: 6 A figura acima mostra a energia solar térmica

Vantagens da energia solar térmica - A energia solar, ao contrário dos combustíveis fósseis como o gás natural, o petróleo e o carvão, oferece uma capacidade de renovação infinita. Este atributo reforça a sua fiabilidade a longo prazo, aliviando as preocupações dos proprietários sobre o esgotamento dos recursos. A adoção da energia solar pode reforçar a independência energética de uma nação, diminuindo a dependência de fontes de energia importadas.

Para além da poluição gerada durante o processo de fabrico dos dispositivos de energia solar térmica, a produção de energia solar térmica produz poluentes insignificantes, como produtos químicos tóxicos ou gases com efeito de estufa. Dadas as crescentes apreensões em relação aos impactos adversos das alterações climáticas, a energia solar térmica surge como uma alternativa segura às fontes de energia convencionais, muitas das quais emitem emissões substanciais de carbono. Em contraste com o calor gerado pela queima de gás natural, a energia solar térmica gera calor sem emitir carbono.

Após a instalação inicial, os sistemas de energia solar térmica exigem normalmente uma manutenção mínima. Ao contrário dos dispositivos que dependem do carvão ou do gás natural para a produção de energia, os sistemas de energia solar térmica podem funcionar durante longos períodos com pouca intervenção. Além disso, os painéis solares térmicos requerem geralmente equipas operacionais mais pequenas, em comparação com instalações de produção de eletricidade mais complexas. Muitos dispositivos solares térmicos, especialmente os concebidos para o aquecimento de água, empregam uma tecnologia mais simples do que os painéis fotovoltaicos [25].

Desvantagem da energia solar térmica

A principal desvantagem das centrais solares térmicas concentradas é o seu capital mais elevado e os custos de manutenção em comparação com outros tipos de centrais eléctricas, incluindo as centrais solares fotovoltaicas. Os tamanhos flutuantes das ondas podem colocar desafios à manutenção de um fluxo constante de eletricidade, dada a sua variação de grande a pequena dimensão. Além disso, o domínio relativamente inexplorado da produção de energia das ondas resulta em requisitos de equipamento dispendiosos para tais empreendimentos.

Aplicações da energia solar - Atualmente, a energia solar tem sido utilizada em muitos domínios para gerar eletricidade, como por exemplo,

- **Condicionamento da água -** Durante os últimos 20 anos, a fotocatálise fez progressos substanciais na limpeza de poluentes orgânicos da água e do ar. O Thin-film Fixed-bed Reator (TFFBR) é um dos primeiros reactores alimentados por energia solar que utiliza um sistema de concentração de luz para catalisar a água. No entanto, persiste um desafio significativo no caminho para a comercialização do tratamento da água através da catálise: a recuperação eficiente das partículas de catalisador após o tratamento da água [26-27].
- **Automóvel -** Está atualmente em curso investigação para desenvolver veículos movidos a energia solar, com o objetivo de proporcionar uma alternativa sustentável aos automóveis dependentes de combustíveis fósseis, motivada por preocupações relativas aos impactos ambientais e ao aumento dos custos dos combustíveis. Embora os veículos assistidos por energia solar sejam promissores para o futuro devido aos avanços na tecnologia fotovoltaica, desafios como os custos iniciais elevados, as capacidades de velocidade limitadas e a menor eficiência impedem a sua adoção generalizada. No entanto, as crescentes preocupações ambientais e as ramificações económicas da dependência dos combustíveis fósseis estão a motivar mais investigação neste domínio [28-30].
- **Agricultura -** Em regiões onde a água é escassa para a agricultura, a dessalinização solar tem sido utilizada para transformar a salmoura em água doce utilizável. Isto envolve a recolha de salmoura numa bacia e a utilização de energia solar para evaporar a água, resultando em água doce adequada para a agricultura. As origens desta técnica remontam a 1872, com o estabelecimento da primeira instalação de dessalinização solar no norte do Chile. Em zonas como o Sara argelino, as bombas de água alimentadas por energia solar, alimentadas por células fotovoltaicas, demonstraram a sua eficácia. Cerca de 60 destas bombas foram instaladas para fornecer água potável e irrigar culturas como o trigo, a batata, o tomate e o girassol, o que demonstra a sua adequação às necessidades agrícolas [31-32].
- **Cozinhar -** Em muitos países, a lenha é o principal combustível para cozinhar, representando 47% da energia para cozinhar na Índia e mais de 75% em muitos países africanos. A adoção de métodos de cozinha solar pode ajudar a conservar as árvores e ter um impacto ambiental positivo. Os sistemas de cozedura solar,

com capacidade de armazenamento de energia, são normalmente constituídos por colectores de placas planas, reflectores e um fluido de trabalho para transferir calor para fins de cozedura [33].

- **Energia solar no espaço -** A energia solar pode ser utilizada para estabelecer estações de energia por satélite em órbita da Terra, que transformam a luz solar em eletricidade utilizando a tecnologia fotovoltaica e outras técnicas solares. Esta eletricidade gerada é então convertida num feixe de micro-ondas por um gerador de micro-ondas e uma antena no satélite, apontada para uma antena recetora na Terra. Posteriormente, após a receção, o feixe de micro-ondas é convertido novamente em eletricidade. Esta infraestrutura de satélite facilita a distribuição generalizada de eletricidade em todo o mundo. No entanto, continuam a existir desafios, incluindo a necessidade de demonstrar a retroatividade do sistema de controlo do feixe e de dar resposta às preocupações financeiras decorrentes dos elevados custos de transporte espacial e dos limitados mercados espaciais comerciais. No entanto, prevê-se que os avanços nos sistemas de transmissão espacial e na tecnologia sem fios reforcem o papel da transmissão de energia solar no futuro [34-35].

Vantagens e desafios da energia solar

Vantagens da energia solar

1. A energia solar proporciona um retorno do investimento, ao contrário do que acontece com o pagamento da eletricidade aos serviços públicos.
2. A energia solar é renovável e está continuamente disponível, ao contrário do carvão e do petróleo, que são recursos finitos.
3. A energia solar não é poluente, não emite dióxido de carbono como os combustíveis fósseis, o que a torna amiga do ambiente e não produz emissões de dióxido de carbono.
4. Embora existam despesas de capital iniciais, a energia solar é essencialmente gratuita.
5. Os painéis solares têm uma longevidade de mais de vinte anos e requerem uma manutenção mínima.
6. Os sistemas solares fora da rede oferecem independência da rede eléctrica.
7. A energia solar é abundante e fiável, sendo proveniente do sol quase todos os dias.
8. A energia solar é ambientalmente superior aos combustíveis fósseis e a outras fontes eléctricas, uma vez que reduz a poluição e a dependência dos combustíveis fósseis.
9. Em alguns países, a energia solar excedente pode ser vendida aos fornecedores locais de eletricidade.
10. A energia solar cria empregos e estimula a atividade económica.
11. Uma vez instalada, a energia solar é essencialmente gratuita.
12. A energia solar é amiga do ambiente e não polui, o que a torna uma fonte de energia gratuita e benigna para o ambiente.
13. A energia solar excedente pode ser vendida de volta às empresas de

eletricidade.

14. Os painéis solares podem ser instalados nos telhados das cidades, o que os torna adequados para instalação em praticamente qualquer lugar.
15. As baterias podem armazenar energia solar para utilização nocturna.
16. A energia solar evita danos na terra e na sua atmosfera.
17. A energia solar é uma fonte de energia limpa e ecológica que pode alimentar vários dispositivos.
18. Existe uma grande quantidade de energia solar disponível diariamente para satisfazer as necessidades energéticas globais.
19. A energia solar pode ser utilizada para aquecer piscinas, alimentar calculadoras e automóveis.
20. A energia solar permite cozinhar alimentos.
21. A energia solar substitui fontes não renováveis como o gás, o petróleo e os combustíveis fósseis.
22. A energia solar ajuda a conservar a eletricidade.
23. A energia solar reduz a dependência das empresas de eletricidade.

Desvantagens da energia solar

1. Necessita de um espaço amplo e só funciona com luz solar direta.
2. Produzem uma quantidade limitada de eletricidade por painel e são extremamente dispendiosos, muitas vezes perto de 1000 dólares por painel.
3. As instalações terrestres implicam custos mais elevados, nomeadamente para grandes superfícies.
4. Adequado apenas para regiões com luz solar abundante e pouco calor.
5. A instalação exige um investimento financeiro substancial.
6. Gera um mínimo de energia durante a noite, necessitando de baterias de reserva dispendiosas para períodos noturnos e chuvosos.
7. Pode incentivar o desperdício de energia entre os utilizadores que investiram nela.
8. Enfrenta frequentemente resistências devido a preocupações estéticas, conhecidas como o síndroma "não no meu quintal".
9. São necessários vários painéis, dependendo da localização, para uma produção equivalente de eletricidade.
10. As células solares continuam a ser ineficientes.
11. A disponibilidade é limitada pelas condições climatéricas e pela escuridão nocturna.
12. As despesas iniciais são elevadas devido ao elevado custo dos materiais semicondutores.
13. O custo da energia solar ultrapassa o da eletricidade de origem não renovável.
14. Requer um espaço significativo para a instalação, de modo a obter uma eficiência óptima.
15. A eficiência depende do posicionamento da luz solar.
16. A produção é dificultada pela cobertura de nuvens e pela poluição.
17. Não há produção de energia durante a noite sem soluções de armazenamento.
18. As centrais de energia solar estão melhor situadas em desertos quentes, distantes

das redes eléctricas, com degradação do desempenho a altas temperaturas.

19. Útil apenas durante o dia, a menos que seja apoiado por baterias solares.
20. A aquisição e a instalação são dispendiosas, embora as subvenções federais possam prestar assistência.
21. O período de retorno do investimento pode durar décadas, enquanto a vida útil é frequentemente inferior a 25 anos.
22. A eficiência é limitada por factores ambientais, como a latitude e o clima, e a tecnologia atual só consegue aproveitar uma pequena fração da energia da luz solar.
23. Os painéis solares têm um desempenho inferior em temperaturas quentes.
24. A energia solar pode não ser rentável em regiões com luz solar limitada, como o Wisconsin.

Desafios da energia solar - A viabilidade da energia solar depende da sua viabilidade económica, das implicações ambientais e do progresso tecnológico. Para estabelecer a energia solar como uma fonte de energia fiável no futuro, as tecnologias de energia solar devem enfrentar desafios específicos. Estes obstáculos são descritos de seguida.

- **Desafios ambientais** - Os sistemas de energia solar oferecem uma vantagem significativa devido à sua natureza amiga do ambiente, superando os sistemas tradicionais baseados em combustíveis fósseis. A investigação indica que os sistemas solares domésticos de aquecimento de água emitem menos 80% de gases com efeito de estufa do que os seus equivalentes convencionais. Da mesma forma, os sistemas solares de aquecimento ambiente reduzem as emissões de gases com efeito de estufa em 40% em comparação com as centrais eléctricas convencionais. Para além dos benefícios ambientais, como a redução das emissões de dióxido de carbono, as tecnologias de energia solar também oferecem vantagens socioeconómicas. A mudança de fontes de energia convencionais para tecnologias de energia solar pode ajudar a aliviar a poluição da água e minimizar a libertação de gases nocivos como o CO_2 e o SO_2 para a atmosfera [36-37].
- **Desafios económicos** - Desde 2000, os avanços tecnológicos significativos transformaram a indústria da energia solar, conduzindo a uma diminuição substancial dos custos. Por exemplo, o custo dos módulos solares baixou de 27 000 dólares por quilowatt (KW) em 1980 para 4 000 dólares/KW em 2006. Do mesmo modo, o custo de instalação dos sistemas fotovoltaicos (PV) diminuiu em 10 000 dólares/KW entre 1992 e 2008. Em 2017, o custo dos módulos fotovoltaicos tinha diminuído ainda mais para 3 500 dólares/KW. Apesar destes avanços, o custo nivelado da produção de eletricidade através da tecnologia solar permanece comparativamente elevado, não só em comparação com os métodos convencionais, mas também com outras fontes renováveis como a energia hidroelétrica e eólica [38-39].
- **Desafios técnicos** - As células fotovoltaicas (PV) enfrentam obstáculos técnicos, principalmente no que diz respeito ao aumento da sua eficiência para competir efetivamente com outras fontes de energia. É vital assegurar um fornecimento suficiente de materiais de fabrico de células, como o CdTe e o silício. Além

disso, é crucial criar um sistema simplificado de contagem e faturação. No domínio das tecnologias de energia solar concentrada (CSP), a identificação de fluidos de transferência de calor com elevada capacidade térmica e a redução das perdas térmicas são objectivos fundamentais. No domínio do aquecimento solar da água, é imperativo ajustar os sistemas para que cumpram os códigos de construção em vigor, as normas de segurança para os aparelhos e outros regulamentos, para uma aceitação generalizada.

- **Desafios de armazenamento -** A crescente libertação de gases nocivos devido à utilização de combustíveis fósseis levou a uma necessidade crescente de energias renováveis, como a energia solar, para se tornarem a principal fonte de energia. No entanto, um grande obstáculo é a sua disponibilidade intermitente. Consequentemente, há uma ênfase crescente no desenvolvimento de técnicas eficazes para armazenar a energia solar, o que pode ser conseguido através de métodos de armazenamento de energia térmica e de eletricidade [40].

CAPÍTULO 2: ENERGIA EÓLICA

A energia eólica oferece soluções práticas para os desafios colocados pelas alterações climáticas globais e pela crise energética, eliminando emissões nocivas como o CO2, SO2, NOx e outros poluentes normalmente encontrados nas centrais eléctricas tradicionais a carvão e nucleares. Além disso, ao diversificar o cabaz energético, a energia eólica reduz substancialmente a dependência dos combustíveis fósseis, que estão sujeitos a flutuações de preços e a incertezas de abastecimento, aumentando assim a segurança energética global. Nas últimas três décadas, registou-se um crescimento global notável da energia eólica. Em 2009, a capacidade anual instalada de produção de energia eólica atingiu o valor pioneiro de 37 GW em todo o mundo, resultando numa capacidade eólica total de 158 GW. Sendo a fonte mais promissora de energia renovável, limpa e fiável, prevê-se que a energia eólica venha a desempenhar um papel ainda mais significativo na produção de eletricidade nas próximas décadas.

A energia eólica, enquanto fonte de energia renovável, registou um rápido crescimento desde o final da década de 1970. As turbinas eólicas fornecem energia limpa sem a necessidade de transporte de combustível, reduzindo assim os riscos ambientais. As modernas turbinas eólicas são eficientes, fiáveis e rentáveis, graças às políticas energéticas de apoio que criam um mercado de energias renováveis e à investigação em curso. Os avanços tecnológicos melhoraram os sistemas de controlo, aperfeiçoaram a conceção das pás do rotor para aumentar a extração de energia e introduziram novos sistemas electrónicos de potência para o funcionamento a velocidades variáveis e a otimização da capacidade das turbinas [41].

A energia eólica, um subproduto da energia solar convertida através da fusão nuclear no núcleo do Sol, cria calor e radiação electromagnética que se dispersa pelo espaço. Apesar de a Terra captar apenas uma fração da radiação solar, esta satisfaz quase todas as necessidades energéticas do planeta. A energia eólica surge como um ator importante no mercado global da energia, servindo como uma fonte proeminente de produção de energia renovável. A integração da energia eólica na rede eléctrica enfrenta restrições práticas mínimas. Em contraste com as fontes de energia convencionais, a energia eólica oferece inúmeras vantagens. Abundante e perene, a energia eólica está disponível em grande quantidade na maior parte das regiões do mundo. A adoção generalizada da energia eólica poderia aliviar a pressão sobre as reservas de combustíveis fósseis, que se espera que diminuam neste século, às taxas de consumo actuais. Além disso, o custo por quilowatt-hora da energia eólica é significativamente mais baixo do que o da energia solar. Por conseguinte, a energia eólica está posicionada para desempenhar um papel crucial no aprovisionamento energético global durante o século XXI como a fonte de energia mais promissora e sustentável [42-44].

A produção contínua de eletricidade através da energia eólica é o principal método de aproveitamento dos recursos eólicos. Esta abordagem ganhou um reconhecimento significativo de várias nações, explorando principalmente uma fonte de energia renovável para a produção de eletricidade. A utilização desta tecnologia proporciona inúmeros benefícios em aplicações práticas, desempenhando um papel significativo na conservação de energia, na adoção de energias renováveis e em esforços cruciais na preservação ecológica. Dada a atual deficiência energética da nossa nação, o desenvolvimento contínuo da produção de energia eólica surgiu como uma estratégia essencial para promover o crescimento sustentável da nossa economia [45-49].

Como trabalhar a energia eólica

Nos sistemas modernos de energia eólica, a automação é crucial, utilizando forças aerodinâmicas semelhantes às das asas dos aviões para acionar a rotação da turbina. Um componente importante é o anemómetro, que mede continuamente a velocidade do vento. Quando a velocidade do vento excede um limite, os controlos activam a rotação do rotor, permitindo a produção de energia mesmo com brisas suaves. A produção de energia aumenta até atingir a capacidade máxima da máquina, supervisionada pelos controlos da turbina, normalmente alcançada a uma velocidade do vento de 15 m/s, denominada velocidade nominal do vento. Se a velocidade do vento for superior a esta, o sistema de controlo interrompe o funcionamento da turbina para evitar danos, normalmente a 25 m/s.

Os principais elementos incluem o rotor com 2 ou 3 pás que convertem a energia eólica em energia mecânica, uma caixa de velocidades que alinha o eixo do rotor com o gerador elétrico, uma torre alta que suporta o rotor para captar velocidades de vento mais elevadas, uma fundação robusta para suportar ventos fortes e formação de gelo e um sistema de controlo. A energia eólica aproveita as turbinas eólicas para transformar a energia cinética em energia eléctrica. As turbinas eólicas evoluem, tornando-se mais altas para aumentar a produção de energia. As inovações no design das pás têm como objetivo aumentar a eficiência da produção de energia e, ao mesmo tempo, responder a preocupações como a utilização de materiais, a reciclabilidade e a poluição sonora.

As turbinas eólicas utilizam a intensidade moderada da brisa para gerar energia. O vento é uma fonte de combustível limpa e sustentável, renovada incessantemente pelo sol. As turbinas eólicas são um avanço dos antigos moinhos de vento, muitas vezes com três pás a girar no topo de uma torre de aço. A maioria das turbinas começa a produzir energia a 3-4 m/s de velocidade do vento, atinge a potência máxima a 15 m/s e pára durante as tempestades a 25 m/s ou mais.

(I) A maior parte da energia na Terra é gerada por motores rotativos.

(II) As turbinas convertem o caudal linear em movimento de rotação através de superfícies aerodinâmicas [50].

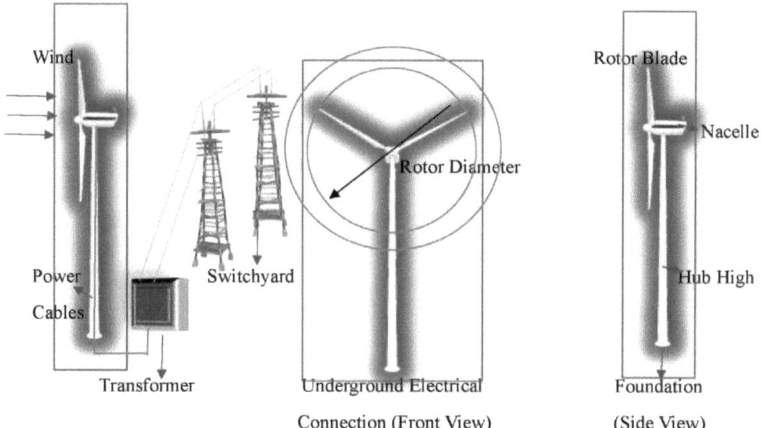

Figura:7 A figura acima mostra a turbina eólica

Existem vários tipos de turbinas eólicas, incluindo:

(I) Turbinas eólicas de eixo horizontal (HAWT)
(II) Turbinas eólicas de eixo vertical (VAWT)

De um modo geral, as turbinas eólicas de eixo horizontal (HAWT) geram normalmente uma maior potência em comparação com as turbinas eólicas de eixo vertical (VAWT). No entanto, as HAWT necessitam de velocidades elevadas do ar (cerca de velocidades nominais) para atingirem a sua eficiência máxima. Além disso, as pás de uma turbina eólica em movimento interagem com o vento de forma relativa. O ângulo da velocidade relativa do vento varia em função da velocidade e da direção do vento. medida que a velocidade da pá aumenta em direção à ponta, a velocidade relativa do vento torna-se mais inclinada em direção à ponta, resultando na formação de vórtices de ponta que contribuem para o aumento dos níveis de ruído [51- 53].

(I) Turbinas eólicas de eixo horizontal (HAWT) - As turbinas eólicas de eixo horizontal (HAWT) são o tipo predominante de turbina eólica, assemelhando-se a moinhos de vento com pás que giram horizontalmente. Estas turbinas são normalmente constituídas por um eixo de rotor principal e um gerador elétrico montados numa torre, o que exige um alinhamento com a direção do vento. Enquanto as turbinas mais pequenas dependem de palhetas de vento para se orientarem, as maiores utilizam sensores de vento e servomotores. Muitas turbinas de grandes dimensões também incorporam caixas de velocidades para amplificar a velocidade de rotação e alimentar o gerador.

Para contrariar a turbulência causada pela torre, as HAWT são normalmente posicionadas a favor do vento. As suas pás são concebidas de forma a serem rígidas para suportar ventos fortes e estão situadas à frente da torre, muitas vezes com uma ligeira inclinação para cima. Embora existam máquinas a favor do vento, que não dispõem de mecanismos de alinhamento adicionais e podem fletir com ventos fortes, a turbulência continua a ser um problema significativo. No entanto, devido a preocupações com falhas por fadiga e fiabilidade, a maioria das HAWT são concebidas como máquinas a favor do vento. Globalmente, as HAWT são uma componente vital da produção mundial de energia eólica, reduzindo substancialmente as emissões de CO_2 desde a década de 1990 e promovendo a causa da energia sustentável [54-56].

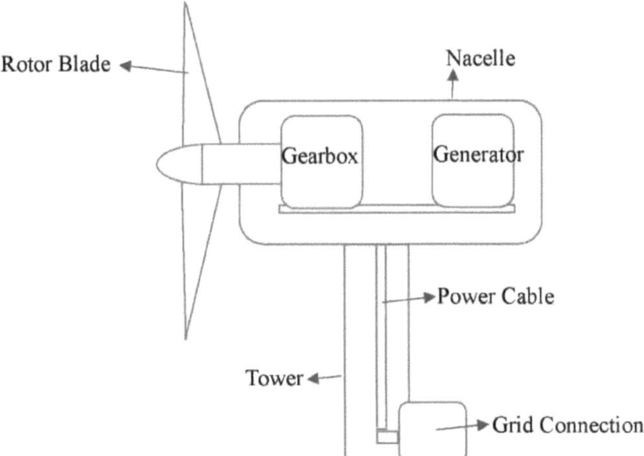

Figura:8 A figura acima mostra a turbina eólica de eixo horizontal

Vantagens das turbinas eólicas de eixo horizontal (HAWT)

1. As torres altas das HAWTs facilitam o acesso a ventos mais fortes em áreas com cisalhamento do vento. Em regiões específicas de cisalhamento do vento, a velocidade do vento pode aumentar 20% por cada dez metros de altura, resultando num aumento de 34% na produção de energia.
2. Apresentam uma eficiência energética significativa, convertendo uma maior porção da energia do vento em movimento mecânico útil devido ao facto de as pás serem perpendiculares à direção do vento, captando eficazmente a energia em toda a sua amplitude de movimento.
3. As HAWT empregam tecnologias estabelecidas e validadas, prontas para serem comercializadas e cujos custos estão a diminuir rapidamente.
4. Os seus processos de fabrico, instalação, operação, manutenção e desativação foram bem estabelecidos e são bem conhecidos na indústria.
5. Os desafios associados às HAWT são amplamente reconhecidos e a tecnologia

está continuamente a ser melhorada [57-59].

Desvantagens das turbinas eólicas de eixo horizontal (HAWT)

1. Os HAWT necessitam de uma construção de torre significativa para suportar os seus componentes pesados, como as pás, a caixa de velocidades e o gerador.
2. A colocação destas peças pesadas em posição representa um desafio considerável.
3. Apresentam um fraco desempenho em ventos turbulentos.
4. Devido à turbulência que geram, as HAWTs não podem ser instaladas densamente, exigindo áreas de terreno extensas para operação, particularmente porque as suas torres altas e pás longas são mais eficazes em espaços abertos.
5. A utilização de zonas selvagens e rurais para explorações HAWT tem um impacto negativo no ambiente, contribuindo para a industrialização das paisagens rurais.
6. O desempenho ótimo das HAWT depende de ventos perpendiculares às suas pás, o que exige um mecanismo de guinada para o ajuste da orientação, embora com uma adaptação lenta às alterações do vento.
7. Em caso de ventos fortes, as HAWT necessitam de dispositivos de travagem ou de guinada para evitar danos na turbina.
8. A sua complexidade mecânica, particularmente no que diz respeito ao efeito giroscópico das pás rotativas e dos mecanismos de guinada, pode resultar em danos induzidos por tensão ao longo do tempo.
9. Requerem uma velocidade mínima do vento para funcionar, que pode não estar disponível de forma consistente.
10. As HAWT têm de ser desligadas durante ventos de velocidade muito elevada para evitar danos, com velocidades de sobrevivência que rondam normalmente os 90 km/h, dependendo dos projectos específicos.
11. A sua altura considerável e o seu impacto visual perturbam as paisagens e podem encontrar oposição local.
12. O ruído que geram pode ser perturbador, afectando a aceitação social.
13. De acordo com os conservacionistas da vida selvagem e das florestas, o funcionamento das HAWT constitui uma ameaça real ou sentida para a vida selvagem, em especial para as espécies de aves ameaçadas, o que impediu a sua rápida expansão na Alemanha em 2019.
14. Em última análise, as HAWT têm sido criticadas por diminuírem a aceitação social e incitarem a vários conflitos de utilização dos solos associados à expansão da energia eólica, devido à sua substancial pegada acústica e visual [59-62].

(II) Turbinas eólicas de eixo vertical (VAWT) - As turbinas eólicas de eixo vertical (VAWT) têm o eixo do rotor primário posicionado verticalmente, eliminando a necessidade de alinhamento do vento, o que as torna vantajosas em áreas com ventos imprevisíveis ou turbulentos. Além disso, a localização do gerador e dos principais componentes mais perto do solo simplifica a manutenção e reduz a tensão na torre. No entanto, os VAWTs deparam-se normalmente com arrastamento quando rodam contra o vento, o que coloca desafios à montagem em torres. Por conseguinte, são frequentemente instalados a alturas mais baixas ou nos telhados dos edifícios. Apesar da reduzida disponibilidade de energia eólica a altitudes mais baixas, a instalação em telhados pode aumentar a velocidade do vento, uma vez que o fluxo de ar é redireccionado sobre o telhado. A altura ideal da turbina no telhado é normalmente cerca de 50% da altura do edifício, optimizando a produção de energia e minimizando a turbulência. Apesar destas vantagens, as VAWTs representam um pequeno segmento do mercado de turbinas eólicas, utilizadas principalmente em projectos residenciais e de pequena escala. As turbinas eólicas de eixo horizontal (HAWTs) têm sido historicamente objeto de mais investigação e investimento. No entanto, as VAWT oferecem vantagens distintas, incluindo o aproveitamento da energia eólica de qualquer direção e o potencial para aumentar a produção de energia através de agrupamentos. A sua reduzida pegada no solo e a compatibilidade com as instalações HAWT existentes em parques eólicos tornam-nas economicamente atractivas em regiões com disponibilidade limitada de terrenos ou restrições regulamentares [63-65].

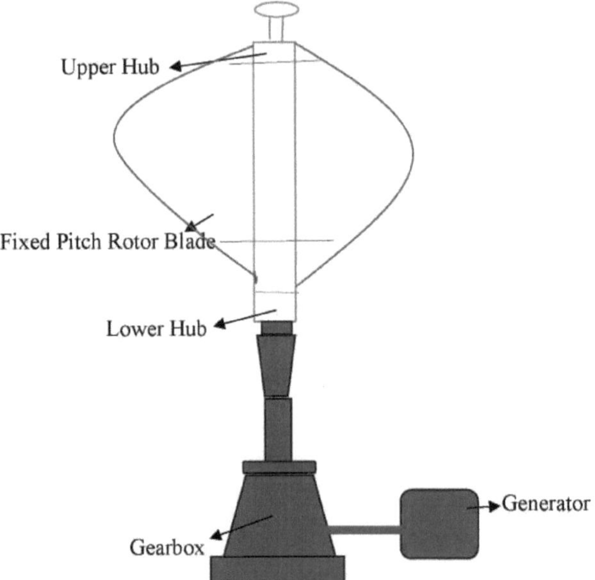

Figura:9 A figura acima mostra a turbina eólica de eixo vertical

Vantagens das turbinas eólicas de eixo vertical (VAWT) -

1. Os VAWTs funcionam eficientemente em diversas condições de vento,

incluindo fluxo turbulento e direcções variáveis.

2. O seu design de eixo vertical permite o funcionamento a velocidades de vento mais baixas, tornando-os adequados para locais com condições de vento variáveis, tais como topos de colinas e regiões montanhosas.
3. Com uma conceção escalável, os VAWT podem ser instalados em várias dimensões, incluindo instalações em telhados em zonas urbanas com espaço limitado para tecnologias de energias renováveis.
4. Eliminam a necessidade de mecanismos complexos, como os accionamentos de guinada e os mecanismos de inclinação exigidos pelos HAWT, reduzindo os requisitos e os custos de manutenção.
5. Os VAWTs têm custos de produção e manutenção mais baixos do que os HAWTs, o que os torna uma solução de energia renovável económica.
6. A instalação e o transporte dos VAWTs são mais simples e podem ser efectuados em bases planas, como o solo ou os telhados dos edifícios, minimizando os desafios logísticos.
7. Representam um risco mínimo para os seres humanos e as aves devido às velocidades mais baixas das suas lâminas, garantindo a segurança dos trabalhadores da manutenção e da vida selvagem.
8. As VAWTs funcionam mais silenciosamente do que as HAWTs, reduzindo as perturbações nos bairros residenciais.
9. O seu baixo centro de gravidade torna-os estáveis para instalações offshore, proporcionando fiabilidade em aplicações flutuantes.
10. Com um eixo de rotor vertical, cargas como geradores ou bombas podem ser colocadas ao nível do solo, simplificando a manutenção e reduzindo as complexidades mecânicas.
11. Os VAWT integram-se facilmente nos edifícios, oferecendo opções versáteis de utilização em ambientes urbanos [57,59 & 63].

Desvantagem das turbinas eólicas de eixo vertical (VAWT)

1. Os VAWTs não aproveitam as velocidades de vento mais elevadas frequentemente encontradas em níveis mais altos, uma vez que estão mais baixos em relação ao solo.
2. São mais difíceis de instalar numa torre do que os HWAT.
3. A eficiência de uma VAWT é muito baixa em comparação com as HAWTS, uma vez que apenas uma pá da turbina eólica funciona de cada vez e devido ao arrastamento adicional criado quando as suas pás rodam.
4. Alguns tipos de VAWTS precisam de uma fonte de energia externa para começar a funcionar.
5. A sua baixa eficiência em comparação com os HATWs e a baixa capacidade de arranque automático dos VAWTs são sempre os principais inconvenientes, especialmente para os VAWTs do tipo elevador.
6. Têm uma vibração relativamente elevada porque o fluxo de ar perto do solo cria um fluxo turbulento" e o efeito do "desgaste dos rolamentos aumenta, o que resulta no aumento dos custos de manutenção.
7. Os pequenos VAWTs no topo de edifícios ou outras estruturas podem estar

sujeitos a forças de empurrão, o que aumenta a tensão lateral que justifica a manutenção contínua e a utilização de materiais mais fortes e resistentes.

8. Dependendo da sua conceção, os VAWTs "podem necessitar de cabos de sustentação para os segurar", que são impraticáveis e pesados nas zonas agrícolas.
9. Há ainda a questão do estabelecimento de instalações de fabrico e de uma cadeia de valor viável quando as HAWT já dominam o mercado [57,58,63 & 66].

Parques Eólicos Onshore Vs. Parques Eólicos Offshore - A energia eólica pode ser utilizada através de parques eólicos onshore e offshore. As turbinas eólicas onshore são construídas em terra, geralmente em áreas pouco povoadas, e tornaram-se uma tecnologia bem estabelecida para maximizar a produção de energia eólica. Em contrapartida, os parques eólicos offshore, localizados nos oceanos ou noutras massas de água, beneficiam de velocidades de vento mais fortes e têm um menor impacto ambiental. No entanto, necessitam de infra-estruturas robustas, de equipamento especializado e têm custos mais elevados do que as instalações em terra.

Os parques eólicos offshore apresentam vantagens distintas, como a visibilidade reduzida e processos de instalação mais suaves em comparação com os seus homólogos em terra, que frequentemente enfrentam desafios como restrições de transporte e oposição da comunidade. Apesar destes obstáculos, o desenvolvimento da energia eólica offshore impulsiona inovações na tecnologia e na integração na rede.

A utilização da energia eólica está a aumentar como fonte de energia renovável, com os parques eólicos em terra e no mar a desempenharem um papel fundamental na redução da dependência dos combustíveis fósseis. A STEVENS é especializada na construção de sistemas e instalações de energia para o sector da energia eólica, oferecendo conhecimentos especializados em várias indústrias energéticas [67].

Tendências recentes da produção de energia eólica onshore e offshore - Tanto as instalações de energia eólica onshore como offshore registaram um crescimento significativo, com as instalações offshore a mostrarem avanços particularmente promissores nos últimos anos. No entanto, a energia eólica em terra domina atualmente o mercado mundial, representando cerca de 95% da capacidade de produção de eletricidade instalada. As projecções indicam uma expansão significativa da energia eólica offshore, com capacidades potenciais cumulativas que atingem 228 GW até 2030 e 1000 GW até 2050, enquanto se prevê que a energia eólica onshore atinja capacidades de 1787 GW até 2030 e 5044 GW até 2050. Os relatórios da IRENA em 2021 mostram um aumento cumulativo de cerca de 90,5 % em 2020 em comparação com 2019, mas as estimativas do Conselho Mundial da Energia Eólica sugerem um aumento inferior. Previsões recentes conjuntas da IRENA e do GWEC projectam capacidades offshore cumulativas de 380 GW até 2030 e 2000 GW até 2050, indicando um potencial substancial para a expansão da energia eólica offshore.

Os dados operacionais dos parques eólicos terrestres e marítimos ilustram as disparidades de desempenho, com os parques marítimos a apresentarem geralmente um desempenho superior devido às velocidades do vento consistentemente mais elevadas.

O fator de capacidade, que compara a potência eólica média gerada com a capacidade de potência de pico, difere entre os parques eólicos em terra e no mar. As instalações em terra têm normalmente factores de capacidade mais baixos devido a factores ambientais que obstruem o fluxo de vento, enquanto as instalações no mar beneficiam de padrões de vento mais fortes e mais consistentes sobre as superfícies oceânicas. De acordo com um relatório recente da IRENA, o fator de capacidade médio dos novos projectos eólicos em terra aumentou de 27% em 2010 para 34% em 2018, com projecções que sugerem um pico potencial de 55% até 2030 e 58% até 2050. Do mesmo modo, os projectos eólicos offshore registaram um crescimento de 38% em 2010 para 43% em 2018, com previsões que indicam factores de capacidade máximos de 58% até 2030 e 60% até 2050. Os recursos eólicos e a conceção do sistema de turbinas influenciam os factores de capacidade, com tecnologias avançadas a contribuir para melhorias [68-69].

Caraterísticas do vento **onshore e offshore**

1. As turbinas eólicas terrestres são mais rentáveis do que as turbinas marítimas, juntamente com a energia nuclear e solar.
2. Os custos de infraestrutura e de manutenção dos parques eólicos terrestres são significativamente inferiores aos dos projectos marítimos, por vezes metade do valor.
3. O retorno dos investimentos em parques eólicos em terra pode ser realizado em apenas dois anos, fornecendo energia eficiente aos consumidores.
4. Os parques eólicos em terra contribuem para as economias locais, gerando receitas para os proprietários de terras e criando oportunidades de emprego.
5. O processo de instalação dos parques eólicos em terra é mais rápido e mais acessível do que o de outros projectos de energia sustentável.
6. As turbinas terrestres produzem normalmente menos cerca de 1 MW de energia do que as turbinas marítimas, devido à sua menor dimensão e às velocidades do vento mais baixas.
7. Os parques eólicos offshore são geralmente mais eficazes na produção de energia do que os onshore, produzindo igual ou mais energia com menos turbinas.
8. Os parques eólicos offshore têm menos impactos ambientais, uma vez que estão localizados no mar, evitando interferências com a utilização da terra e a poluição sonora.
9. Os parques eólicos offshore podem ser construídos em maior escala e de forma mais eficiente por quilómetro quadrado, devido à existência de menos obstáculos e de menores efeitos ambientais.
10. Tanto os recursos eólicos terrestres como marítimos são influenciados por factores como a velocidade do vento, a densidade e as condições ambientais, que afectam a sua eficiência na produção de eletricidade [70-72].

Vantagens, desvantagens e desafios da energia eólica

Vantagens da energia eólica

1. **Relação custo-eficácia:** Os parques eólicos, dependendo da sua dimensão, podem produzir eletricidade a um custo inferior em comparação com os métodos tradicionais, e os custos diminuem com os parques maiores.
2. **Sustentabilidade**: A energia das turbinas eólicas é uma fonte de energia infinitamente renovável que funciona sem necessidade de combustível e não produz poluentes ou resíduos nocivos.
3. **Utilização do solo:** O espaço por baixo de cada turbina pode ainda ser utilizado para fins agrícolas ou de pastagem, permitindo uma dupla utilização do solo.

Desvantagens da energia eólica

1. **Requisitos de terreno:** Os parques eólicos necessitam de uma área de terreno considerável, o que pode ser difícil, especialmente em regiões densamente povoadas.
2. **Dependência da localização:** A eficiência da produção de energia eólica depende de recursos eólicos adequados, o que realça a importância de localizações adequadas.
3. **Preocupações estéticas:** As turbinas em zonas com elevada densidade populacional podem levantar problemas estéticos.
4. **Impacto na vida selvagem:** As aves e os morcegos podem colidir com as pás das turbinas, causando mortes. Os esforços para melhorar a conceção das turbinas têm como objetivo reduzir os encontros com a vida selvagem e as taxas de mortalidade.
5. **Desafios relacionados com o clima**: Os climas frios podem provocar a acumulação de gelo e geada nas pás das turbinas, o que pode levar a falhas. Embora os revestimentos especiais ou os sistemas de aquecimento possam ajudar, o gelo lançado em condições de vento representa riscos de segurança, exigindo considerações sobre a zona de segurança no projeto da turbina.

Desafios da energia eólica

- **Impactos ambientais -** Os parques eólicos modernos, caracterizados pelas suas grandes turbinas, podem ter efeitos ecológicos substanciais, especialmente no que respeita às rotas de migração das aves. As altas velocidades nas pontas das pás, superiores a 70 m/s, representam um risco para as aves que passam por estas áreas, podendo levar a colisões e mortes. Embora as turbinas eólicas possam contribuir para a mortalidade das aves, os números são relativamente pequenos quando comparados com outras actividades humanas, como os acidentes de viação. No entanto, é crucial avaliar os impactos a longo prazo na geografia local, nas populações sazonais de aves e nas espécies ameaçadas de extinção. As medidas para reduzir as mortes de aves incluem a utilização de dissuasores para desencorajar a presença de aves perto de parques eólicos. Estudos recentes indicam que as centrais eléctricas tradicionais de combustíveis fósseis podem representar um maior perigo para a fauna aviária do que as tecnologias de energia eólica e nuclear. As avaliações ambientais antes da construção são agora obrigatórias para evitar a perturbação das rotas de migração das aves e minimizar outros impactos ecológicos. A monitorização contínua ajuda a compreender a evolução da relação entre as aves e os parques eólicos. Além disso, a construção de parques eólicos altera significativamente a paisagem visual, exigindo um planeamento cuidadoso. Para atenuar este facto, as turbinas eólicas são frequentemente pintadas com cores neutras e são utilizadas várias estratégias em termos de espaçamento, conceção, iluminação e colocação de estradas. As ferramentas analíticas desempenham um papel vital na compreensão e avaliação do impacto visual dos parques eólicos [73-77].

- **Desafio técnico - Na** Índia, a capacidade de produção de energia eólica atingiu cerca de 1 380 MW antes de 2002, mas a sua quota atual é de 8,7% da capacidade instalada e contribui apenas com 1,6% da eletricidade produzida. O fator de carga das instalações (PLF) mais baixo da energia eólica indiana, em comparação com outras fontes de energia e com as normas internacionais, deve-se principalmente ao facto de muitos parques eólicos estarem a funcionar a plena capacidade e necessitarem de ser reequipados. O reequipamento destes parques não só aumenta a produtividade como também melhora o seu potencial de produção de eletricidade. A investigação sugere que o repotenciamento poderia elevar o PLF da energia eólica de 15% para 30%. No entanto, algumas empresas de energia eólica estão relutantes em investir no repotenciamento devido à ausência de apoio e subsídios governamentais. O Ministério das Energias Novas e Renováveis (MNRE) deveria encorajar o reequipamento através de incentivos a longo prazo. Apesar de o impacto ambiental da energia eólica ser relativamente menor do que o das centrais a carvão e a gasóleo, subsistem preocupações quanto à poluição sonora provocada pelas pás das turbinas e às perturbações visuais na paisagem.
- **Infraestrutura ou desafio económico -** Os aspectos civis e eléctricos, coletivamente designados por balanço da instalação, são normalmente geridos por empreiteiros independentes do fornecedor. Os custos elevados dos componentes energéticos, nomeadamente as peças das turbinas e as despesas iniciais de infra-estruturas, colocam desafios à expansão da indústria da energia eólica nos países asiáticos. As abordagens de financiamento de muitos projectos eólicos implicam normalmente um rácio dívida/capital próprio de 70:30, agravado por taxas de juro elevadas, aumentando assim o peso da dívida num contexto de condições económicas difíceis em toda a Ásia.
- **Outras questões -**
    a) Melhoria da acessibilidade dos terrenos
    b) Adoção de taxas revistas em conformidade com a regulamentação CERC
    c) Aquisição de terras potenciais por produtores/engenheiros
    d) Desafios na construção de infra-estruturas de controlo, compensação e transmissão
    e) Estabelecimento de um quadro de planeamento e previsão

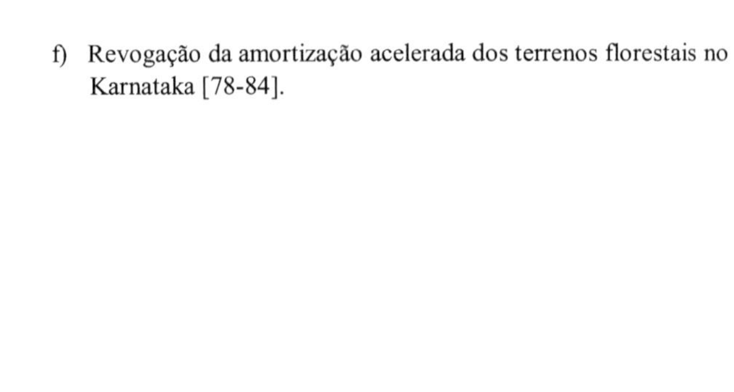

f) Revogação da amortização acelerada dos terrenos florestais no Karnataka [78-84].

CAPÍTULO 3: ENERGIA HIDROELÉCTRICA

A energia hidroelétrica, uma forma antiga de energia renovável, aproveita os movimentos naturais da água e as mudanças de altitude para produzir eletricidade. Ao conduzir a água através de uma turbina hidráulica, a energia hídrica é transformada em energia mecânica, que depois acciona um gerador ligado para a produção de energia eléctrica. Ao contrário da produção de eletricidade a partir do carvão, em que a extração de combustível e a produção de energia ocorrem separadamente, a energia hidroelétrica integra perfeitamente os processos de exploração e utilização de recursos, o que resulta numa maior eficiência e coesão do processo. Inicialmente de escala modesta, o desenvolvimento da energia hidroelétrica expandiu-se a par dos avanços nas redes de transporte, facilitando a criação de instalações maiores e economicamente viáveis. A seleção do local foi influenciada por factores económicos, como a altitude e a proximidade dos centros de procura. Atualmente, as centrais hidroeléctricas variam em tamanho e beneficiam de uma maior eficiência em comparação com as centrais térmicas. O processo de produção envolve o armazenamento de água em barragens e a sua libertação gradual para gerar energia e apoiar a irrigação. A água passa por túneis, tanques de compensação, comportas e comportas de turbina, com as pás da turbina a aproveitarem a sua energia cinética para acionar o gerador ligado. Esta fonte de energia eficiente e amiga do ambiente tem uma longa história, que remonta a séculos de aplicações mecânicas e à transição para a produção de energia eléctrica no final do século XIX. As primeiras centrais hidroeléctricas eram fiáveis e eficientes, o que levou à sua proliferação juntamente com as instalações alimentadas por combustíveis fósseis. Com o aumento da procura de eletricidade, as preocupações com os impactos ambientais e sociais levaram a uma reavaliação das fontes de energia e das suas consequências[85-86].

A energia hidroelétrica, derivada do ciclo natural da água, surge como a forma mais desenvolvida, fiável e rentável de tecnologia de energias renováveis. As suas concepções oferecem uma flexibilidade significativa, acomodando tanto os requisitos de carga de base com factores de capacidade elevados como os picos de procura com capacidades instaladas maiores. Representando aproximadamente 16% da produção global de eletricidade e servindo como fonte primária de energia renovável, a energia hidroelétrica desempenha um papel crucial na satisfação das necessidades energéticas. Mais de 25 países dependem dela para 90% da sua eletricidade, sendo que 12 nações dependem totalmente dela. A hidroeletricidade domina a produção de energia em 65 países e contribui para as necessidades energéticas de mais de 150 nações, incluindo nomeadamente o Canadá, a China e os Estados Unidos. A energia hidroelétrica apresenta uma adaptabilidade excecional para responder às flutuações da procura, fornecer energia de base e armazenar eletricidade durante vários períodos de tempo. Esta versatilidade torna-a um complemento ideal para as fontes renováveis flutuantes, reforçando assim a estabilidade da rede. Além disso, serve como uma fonte de energia flexível tanto para grandes redes centralizadas como para pequenas redes isoladas, oferecendo soluções competitivas para a eletrificação rural. Apesar da sua natureza predominantemente neutra em termos de carbono, os projectos hidroeléctricos têm implicações ambientais, necessitando de um planeamento e execução cuidadosos para atenuar os impactos. Os avanços tecnológicos em curso oferecem a perspetiva de melhorias contínuas no desempenho ambiental e na relação custo-eficácia. Em última análise, a eficácia da energia hidroelétrica resulta da sua capacidade de aproveitar a energia cinética da água corrente, o que a torna um contribuinte significativo para as iniciativas globais de energias renováveis. [8792].

Como funciona a energia hidroelétrica?

A energia hidroelétrica, um tipo de energia renovável, aproveita o movimento natural da água e as mudanças de altitude para produzir eletricidade. Baseia-se no movimento perpétuo do ciclo da água, vendo a água como uma fonte de combustível eterna. Várias instalações hidroeléctricas utilizam a energia cinética da água corrente para acionar turbinas e geradores, convertendo-a em energia eléctrica. Normalmente localizadas perto de fontes de água, estas centrais dependem do volume e da elevação do caudal de água para a produção de energia. A água é conduzida através de turbinas por meio de condutos forçados, levando à produção de eletricidade. As barragens são componentes essenciais da maior parte da produção de energia hidroelétrica, criando reservatórios para armazenar e libertar água para o funcionamento das turbinas. Embora a energia hidroelétrica seja limpa e rentável a longo prazo, a construção de grandes barragens pode ter consequências ambientais significativas, afectando os ecossistemas e as populações a jusante. Os sistemas hidroeléctricos são versáteis, capazes de alimentar máquinas ou gerar eletricidade, com um enfoque principal na produção de eletricidade em grande escala. A configuração básica de um sistema de produção de energia hidroelétrica envolve turbinas ligadas a geradores, sendo a eletricidade distribuída aos consumidores através de uma rede de transporte. As centrais hidroeléctricas demonstram uma rápida capacidade de resposta às flutuações da procura de energia, tornando-as tecnologias adaptáveis e eficientes para a conversão de energia [93-98].

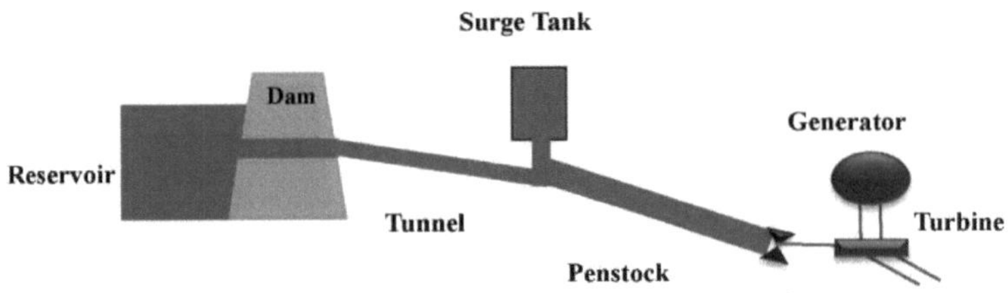

Figura:10 A figura acima mostra o sistema hidroelétrico

Componentes do sistema hidroelétrico

- **Reservatório -** As centrais hidroeléctricas dependem normalmente de barragens para formar reservatórios, que armazenam volumes significativos de água. Estes reservatórios, essencialmente barreiras maciças de betão, controlam o fluxo de água, minimizando as variações. Actuando como depósitos, mantêm um caudal constante durante longos períodos de tempo. Quando necessário, as comportas da barragem são abertas, permitindo a passagem da água através de túneis e a ativação de turbinas. Esta disposição optimiza a utilização da água para a produção de energia, evitando descargas de água desnecessárias. Além disso, mecanismos de desassoreamento tratam da acumulação de sedimentos atrás da barragem.

- **Turbina -** As turbinas hidráulicas são dispositivos que convertem diferentes tipos de energia, como a cinética ou a potencial, em energia mecânica. São utilizadas desde o século XIX e obtêm a sua potência a partir da energia cinética ou potencial gerada pelas alterações do nível da água, conhecida como queda. A altura é dividida em alta, média e baixa, o que afecta a seleção do tipo de turbina. As turbinas de impulso, como a

Turgo, são eficazes em situações com elevada queda e baixos caudais (variando entre 6 e 600 pés), enquanto as turbinas de roda Pelton são adequadas para condições com elevada queda e baixos caudais. As turbinas de fluxo cruzado, representadas pela Osseberger, são concebidas para cenários com maior caudal de água e menor altura manométrica, enquanto as turbinas de reação têm um melhor desempenho em condições de baixa altura manométrica e elevados caudais. A água atinge as pás da turbina, fazendo-as rodar, e a turbina está ligada a um gerador através de um veio.
Os geradores podem ser colocados por cima ou ao lado da turbina e a turbina Francis é a configuração mais utilizada nas centrais hidroeléctricas modernas, permitindo a colocação de geradores lado a lado.

- **Geradores -** Os geradores desempenham um papel crucial na conversão da energia mecânica em energia eléctrica. Ligados às turbinas, convertem a energia rotacional produzida pelas turbinas em eletricidade. Os geradores encontram aplicações não só em centrais hidroeléctricas, mas também em instalações de turbinas a vapor, a gás e eólicas. À medida que as pás da turbina giram, o rotor do gerador segue o exemplo, gerando corrente eléctrica através da rotação de ímanes dentro do gerador de bobina estacionária, resultando na saída de corrente alternada (CA).
- **Câmara de compensação e sobrepressão -** Quando as comportas da barragem são abertas, a água é direcionada através da comporta para chegar à turbina, normalmente depois de passar por uma corrida de cabeça. Para evitar danos potenciais causados por picos de pressão da água, é utilizada uma câmara ou tanque de compensação.

Tipos de sistemas hidroeléctricos - As principais tecnologias hidroeléctricas incluem a tecnologia a fio de água, a tecnologia de reservatório (armazenamento hidroelétrico), a tecnologia de armazenamento por bombagem e a tecnologia a montante.

- A **fio de** água - As centrais hidroeléctricas a fio de água aproveitam o caudal natural dos rios para a produção de eletricidade, muitas vezes com armazenamento a curto prazo para gerir as flutuações da procura. Estas centrais dependem das condições locais dos rios, como a precipitação e o escoamento, que provocam variações diárias, mensais ou sazonais. Nos projectos de RdR, uma parte da água do rio é desviada através de canais ou condutas para acionar turbinas hidráulicas ligadas a geradores de eletricidade. Estes projectos são rentáveis e têm um menor impacto ambiental em comparação com as centrais hidroeléctricas de armazenamento de dimensão semelhante. O seu objetivo é utilizar o caudal estável do rio, mantendo o caudal a jusante para apoio ao ecossistema. Os projectos RdR são adequados para rios com caudal estável ou regulados por grandes albufeiras naturais, oferecendo benefícios económicos e ambientais tanto para os sistemas hidroeléctricos de grande como de pequena dimensão a nível mundial. As centrais hidroeléctricas RdR podem ser classificadas com base nos sistemas de desvio do caudal, como o desvio a jusante ou a montante da bacia hidrográfica. Os sistemas a montante redireccionam a água do leito do rio para otimizar a produção de energia, enquanto os sistemas de desvio transversal aumentam o caudal de água através do desvio de outro rio. Estas abordagens podem ser combinadas para aumentar a eficiência da produção de energia. Na produção de energia hidráulica, a energia armazenada pela água é convertida em energia mecânica utilizando turbinas hidráulicas, de impulso ou de reação, com base na altura da barragem e no caudal de água. A produção de energia em qualquer sistema hidroelétrico depende da altura de pressão, do caudal volumétrico, da eficiência hidráulica e da densidade da água. As centrais RoR utilizam o caudal do rio sem reservas, tornando a sua produção de eletricidade dependente da disponibilidade de água no rio. São utilizadas várias configurações, como centrais do tipo desvio sem barragens, centrais do tipo açude e sistemas de correntes fluviais, cada uma com configurações distintas que envolvem tubos de condutas, canais de desvio ou dispositivos de energia cinética. As obras civis e o equipamento eletromecânico são componentes vitais, sendo o projeto da comporta e da turbina crucial. Os modelos deste

centram-se na conceção de centrais RdR sem reservatórios, fornecendo informações sobre a seleção de condutas forçadas e turbinas para uma implementação óptima [99-104].

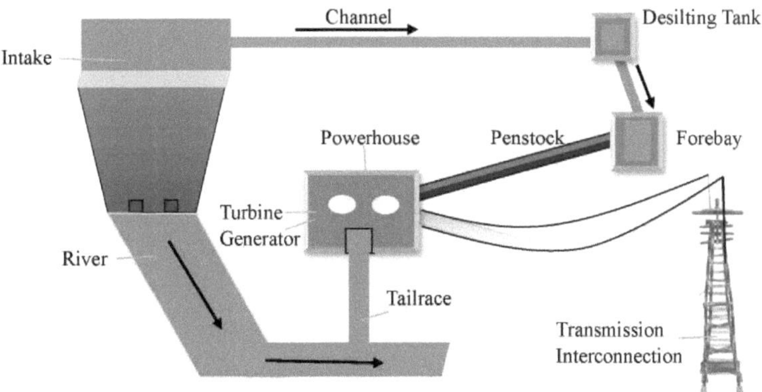

Figura:10 A figura acima mostra o sistema hidroelétrico a fio de água

Hidroelétrica de Armazenamento - Os projectos hidroeléctricos com albufeiras, também designados por hidroeléctricas de armazenamento, armazenam água para ser utilizada no futuro, diminuindo assim a dependência das flutuações do afluxo de água. Normalmente, as estações de produção de energia estão situadas na base da barragem ou a jusante, ligadas à albufeira através de túneis ou condutas. A seleção e a estrutura da albufeira são determinadas pelo terreno circundante, sendo os lagos artificiais frequentemente encontrados em vales fluviais inundados. Além disso, as regiões montanhosas possuem frequentemente lagos de elevada altitude que servem de reservatórios, mantendo muitas vezes as caraterísticas da massa de água original. As iniciativas de armazenamento de energia hidroelétrica superam as instalações a fio de água ao proporcionarem vantagens energéticas, uma vez que armazenam energia potencial na água para posterior conversão em eletricidade. Oferecem versatilidade para satisfazer as necessidades de potência mínima e de pico, gerindo simultaneamente o caudal a jusante para aumentar a fiabilidade da produção de energia. Isto aumenta o controlo e a eficiência da energia, assegurando uma produção consistente das centrais a jusante. As turbinas de elevado desempenho, como as turbinas Kaplan e Francis, aumentam ainda mais a fiabilidade. A energia hidroelétrica de armazenamento ajuda a integrar sem problemas as fontes de energia renováveis variáveis na rede eléctrica, adaptando-se rapidamente às mudanças na procura de eletricidade e armazenando eficazmente a energia excedentária. Os avanços nas técnicas de engenharia civil tornaram a energia hidroelétrica de armazenamento economicamente viável, alargando o âmbito da produção de eletricidade [105-106].

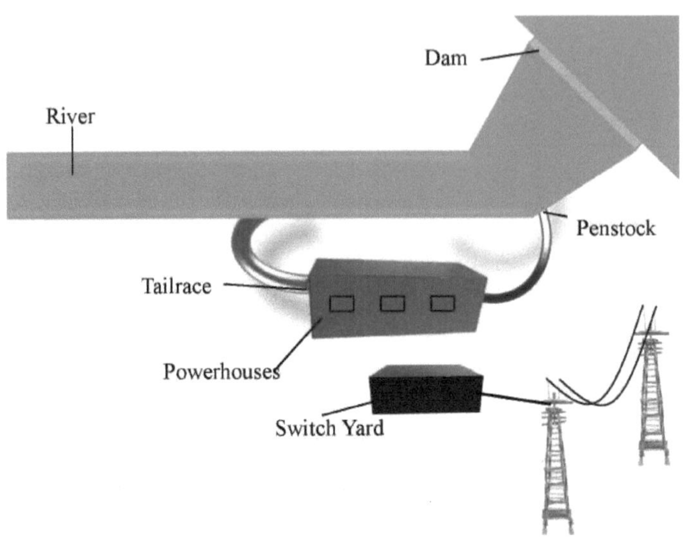

Figura:10 A figura acima mostra o Sistema Hidroelétrico de Armazenamento

- **Armazenamento** por **bombagem** - As centrais de armazenamento por bombagem são fundamentais para o armazenamento de energia eléctrica em grande escala com base na rede. Funcionam como sistemas de armazenamento de energia hidráulica, bombeando água de um reservatório inferior para um superior durante os períodos de procura reduzida e gerando eletricidade através da libertação de água durante os picos de procura. Turbomáquinas como as Turbinas Francis Reversíveis podem funcionar como bombas e turbinas nesta configuração. Embora as centrais de armazenamento por bombagem consumam energia durante a bombagem, oferecem vantagens significativas no armazenamento de energia em grande escala com custos de funcionamento mínimos. No entanto, o seu elevado investimento inicial representa um desafio em comparação com outros sistemas hidroeléctricos. Os locais ideais para as centrais de acumulação por bombagem encontram-se normalmente em regiões montanhosas, aproveitando o terreno para o potencial de armazenamento de energia. A distância entre os reservatórios também tem impacto na viabilidade económica e técnica do sistema. Apesar de serem consumidores de energia, as centrais de acumulação por bombagem desempenham um papel crucial no reforço da estabilidade da rede e na integração de fontes renováveis variáveis, como a energia eólica e solar. O armazenamento de energia hidroelétrica por bombagem envolve o armazenamento de energia através da bombagem de água de um reservatório inferior para um reservatório superior. Durante os períodos de menor procura, a eletricidade de baixo custo faz funcionar as bombas para elevar a água, que é depois libertada através de turbinas para produzir eletricidade durante os períodos de maior procura. Os conjuntos reversíveis de turbina/gerador facilitam este processo. A técnica é rentável para armazenar grandes quantidades de energia eléctrica, mas os custos de capital e a geografia adequada são factores decisivos. A conceção de cada central hidroelétrica de acumulação por bombagem (PHES) depende em grande medida das caraterísticas do local, como a disponibilidade de água, a topografia e a geologia. O armazenamento por bombagem é visto como uma tecnologia promissora para aumentar a penetração das energias renováveis nos sistemas de energia, especialmente em pequenas redes insulares autónomas. As centrais eléctricas híbridas que combinam sistemas eólicos e de armazenamento por bombagem oferecem uma opção viável para atingir elevadas penetrações de energias renováveis, desde que os componentes sejam adequadamente dimensionados. Os sistemas PHES são utilizados em centrais eléctricas para a redução de picos de carga, aumentando o fator de capacidade diária do sistema de produção [107-108].

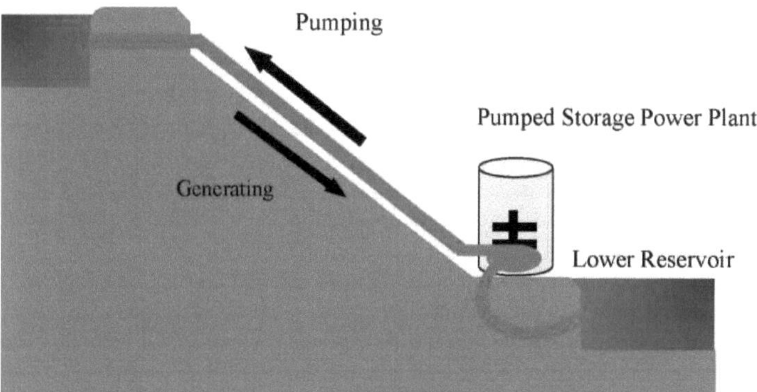

Figura:10 A figura acima mostra o sistema hidroelétrico de armazenamento por bombagem

Considerações ambientais e sociais - Os projectos hidroeléctricos variam em termos de dimensão dos reservatórios devido a factores como a dimensão do gerador e a topografia do terreno, sendo que as zonas planas requerem mais terreno do que as regiões montanhosas. Por exemplo, a central hidroelétrica de Balbina, no Brasil, inundou 2.360 quilómetros quadrados, mas produz apenas 250 MW de energia, enquanto as pequenas centrais a fio de água em zonas montanhosas podem utilizar apenas 2,5 acres para uma capacidade de 10 MW. Estas inundações têm graves impactos ambientais, afectando as florestas, os habitats da vida selvagem e as comunidades. As albufeiras represadas servem múltiplos propósitos para além da energia hidroelétrica, com impacto na vida selvagem e nos ecossistemas aquáticos. As pás das turbinas podem prejudicar os peixes e outros organismos, enquanto as albufeiras estagnadas favorecem o crescimento de algas nocivas. A evaporação das albufeiras excede a dos rios, podendo secar os segmentos a jusante. Os operadores hidroeléctricos libertam quantidades mínimas de água para proteger os ecossistemas a jusante. A água das albufeiras, mais fria e pobre em oxigénio, pode ter um impacto negativo nas plantas e animais a jusante, mas medidas como o arejamento das turbinas atenuam esses impactos. As centrais hidroeléctricas emitem gases responsáveis pelo aquecimento global durante a instalação, desmantelamento e funcionamento, variando as emissões em função da dimensão da albufeira e das caraterísticas do terreno. As emissões do ciclo de vida variam de 0,01 a mais de 0,5 libras de dióxido de carbono equivalente por quilowatt-hora. Avaliações ambientais exaustivas e consultas públicas são cruciais para empreendimentos hidroeléctricos sustentáveis. Tal como outras actividades económicas, os projectos hidroeléctricos têm impactos sociais positivos e negativos. Os custos sociais resultam frequentemente de alterações na utilização dos solos e da deslocação de pessoas das zonas das albufeiras. A reinstalação das comunidades afectadas é um grande desafio, suscitando preocupações sobre a preservação cultural e a compensação pelas perdas. Embora não exista uma solução perfeita, têm-se registado progressos no tratamento das questões de reinstalação, sobretudo na Ásia e na América Latina. As estratégias eficazes envolvem uma comunicação contínua, uma compensação justa e esforços para equilibrar as perturbações da reinstalação com os benefícios do projeto. Exemplos da China, Índia, Brasil e Gana mostram que estratégias eficazes podem mitigar os impactos sociais e servir de modelo para projectos futuros. As deslocações causadas por projectos hidroeléctricos devem ser geridas com cuidado, mas vale a pena notar que outras opções energéticas, como a extração de carvão, também levaram à reinstalação. A abordagem dos efeitos sociais no início do planeamento do projeto, com recursos adequados, pode minimizar os impactos negativos ou evitá-los completamente. Durante a construção, o afluxo de mão de obra e de actividades económicas pode sobrecarregar as comunidades locais não preparadas, mas a construção também traz novas oportunidades de emprego. Na fase de exploração, os projectos hidroeléctricos podem gerar receitas significativas e estimular o desenvolvimento económico e social local. Uma energia hidroelétrica socialmente aceitável exige o envolvimento das partes interessadas, a adaptação às necessidades da comunidade e negociações bem sucedidas com as comunidades afectadas. A integração de considerações sociais numa fase precoce da conceção do projeto é crucial para o seu sucesso de uma perspetiva social [109-115].

Vantagens, desvantagens e desafios da energia hidroelétrica

Vantagens da energia hidroelétrica

1. **Renovável e amiga do ambiente**: A energia hidroelétrica produz eletricidade sem libertar poluentes nocivos para o ar ou para a água, o que a distingue das fontes convencionais de combustíveis fósseis.
2. **Complementar a outras fontes renováveis**: A dependência da energia hidroelétrica da água armazenada permite-lhe complementar a energia solar e eólica, oferecendo uma fonte de energia fiável.

3. **Vantagens económicas**: A energia hidroelétrica oferece uma solução energética rentável, fornecendo uma quantidade significativa de energia às redes eléctricas e funcionando a baixo custo, independentemente da flutuação dos preços dos combustíveis fósseis.
4. **Gestão eficaz dos recursos hídricos**: As barragens hidroeléctricas regulam a produção de eletricidade através do controlo do fluxo de água, conservando os recursos para utilização futura durante os períodos de elevada procura de energia.
5. **Viabilidade a longo prazo**: As instalações hidroeléctricas são concebidas para serem duradouras, assegurando uma produção consistente de eletricidade durante muitas décadas.
6. **Oportunidades de turismo e lazer**: As grandes barragens hidroeléctricas atraem frequentemente turistas, proporcionando actividades recreativas como a pesca e a navegação, ao mesmo tempo que apoiam a irrigação agrícola.
7. **Benefícios ambientais:** A energia hidroelétrica é amiga do ambiente, não emitindo gases com efeito de estufa, melhorando assim a qualidade do ar e combatendo as alterações climáticas, as chuvas ácidas e a poluição.
8. **Contribuição para o desenvolvimento sustentável**: Os projectos hidroeléctricos contribuem para o desenvolvimento sustentável, fornecendo energia limpa, promovendo o crescimento económico e melhorando o bem-estar social, especialmente em regiões remotas.
9. **Fonte de energia doméstica**: Ao contrário dos combustíveis fósseis, a energia hidroelétrica é de origem local, eliminando a necessidade de transporte a longa distância ou de exploração mineira, utilizando fontes de água próximas para a produção de energia.
10. **Estabilidade no fornecimento de energia e nos preços**: A energia hidroelétrica assegura custos de energia estáveis e competitivos, utilizando recursos fluviais nacionais e não sendo afetada pelas flutuações do mercado.
11. **Criação de emprego**: A construção de centrais hidroeléctricas cria oportunidades de emprego, sobretudo em regiões com elevadas taxas de desemprego, o que leva a um aumento do rendimento e das receitas fiscais.
12. **Apoio ao desenvolvimento comunitário**: As instalações hidroeléctricas fornecem eletricidade a comunidades remotas, promovendo o desenvolvimento de infra-estruturas, a expansão industrial e um melhor acesso a serviços essenciais como a educação e os cuidados de saúde, melhorando assim o bem-estar geral da comunidade.

Desvantagem da energia hidroelétrica

1. **Custos e normas de construção:**
   - A construção de barragens implica despesas significativas e o cumprimento de normas de construção rigorosas.
   - A sua rentabilidade exige um funcionamento prolongado devido ao investimento inicial necessário.

2. **Deslocação de comunidades:**
   - As pessoas que residem nos vales afectados pela construção de barragens são frequentemente deslocadas.
3. **Danos geológicos e perturbação dos ecossistemas:**
   - A construção de barragens pode provocar danos geológicos e perturbar os ecossistemas fluviais.
   - Estas perturbações têm um impacto negativo nas populações de peixes e na qualidade da água.
4. **Alteração dos padrões de fluxo de água:**
   - As barragens alteram os padrões naturais de fluxo de água, afectando os habitats aquáticos e a distribuição dos nutrientes no solo.
   - As alterações nos padrões de fluxo podem ter consequências ecológicas de grande alcance.
5. **Vulnerabilidade às secas:**
   - A dependência da energia hidroelétrica da hidrologia local torna-a suscetível às secas.
   - As secas podem impedir significativamente a produção de eletricidade a partir de centrais hidroeléctricas.
6. **A importância da energia hidroelétrica:**
   - Apesar dos obstáculos, a energia hidroelétrica continua a ser uma valiosa fonte de energia renovável.
   - Desempenha um papel crucial nos esforços globais de transição para uma energia sustentável e de redução da dependência dos combustíveis fósseis.

Desafios da energia hidroelétrica

1. **Questões ambientais e sociais:** A energia hidroelétrica confronta-se com uma série de desafios, incluindo preocupações ambientais, como a perturbação de habitats, e questões sociais, como a deslocação de comunidades.
2. **Obstáculos técnicos e logísticos:** Para além dos desafios ambientais e sociais, existem obstáculos técnicos e logísticos que têm de ser resolvidos para que os projectos hidroeléctricos sejam bem sucedidos.
3. **Adequação das massas de água:**
   - **Corpos de água adequados limitados:** Apenas uma fração das massas de água a nível mundial cumpre os critérios necessários para acolher centrais hidroeléctricas, incluindo factores como climas amenos, acessibilidade, volume suficiente, caudal forte do rio e acordos de propriedade adequados.
4. **Custos iniciais elevados:**
   - **Barreira financeira significativa:** Os custos iniciais substanciais associados à construção de centrais hidroeléctricas constituem um grande obstáculo, apesar da rentabilidade operacional da energia hidroelétrica uma vez em funcionamento.
5. **Requisitos de recursos, tempo e conhecimentos especializados:** As instalações à escala industrial exigem recursos, tempo e conhecimentos técnicos significativos para a construção, o que complica ainda mais o processo.

6. **Sustentabilidade e resiliência climática:**
   - **Desafios de adaptação:** Assegurar a sustentabilidade, a resiliência climática e a adaptação aos requisitos dos sistemas eléctricos modernos representam desafios adicionais no desenvolvimento da energia hidroelétrica.
7. **Reconhecimento e modernização do mercado:**
   - **Serviços subestimados:** As estruturas de mercado desactualizadas não reconhecem muitas vezes toda a gama de serviços prestados pela energia hidroelétrica, limitando o seu potencial.
8. **Infra-estruturas envelhecidas:** O envelhecimento das infra-estruturas e a necessidade de modernização aumentam a complexidade do sector. Impactos ambientais e sociais:
9. **Perturbação do habitat e deslocação da comunidade:** Os impactos ambientais e sociais, como a perturbação do habitat e a deslocação de comunidades, colocam desafios significativos que exigem um planeamento adequado e estratégias de mitigação.
10. **Desafios de engenharia:**
    - **Integridade estrutural e segurança:** Os desafios de engenharia, incluindo a manutenção da integridade estrutural, a gestão da infiltração e a resolução de problemas de segurança durante a construção, devem ser cuidadosamente abordados para evitar falhas no projeto e garantir as normas de segurança.
11. **Gestão e coordenação de projectos:**
    - **Coordenação das partes interessadas:** A gestão eficaz do projeto e a coordenação entre as partes interessadas, incluindo empregadores, empreiteiros e consultores, são cruciais para o êxito dos projectos hidroeléctricos.
12. **Atenção aos pormenores e aos padrões de qualidade:**
13. A atenção aos pormenores e o cumprimento das normas de qualidade são essenciais desde o planeamento da pré-construção até à exploração e manutenção [116-118].

CAPÍTULO 4: ENERGIA DA BIOMASSA

A energia da biomassa é derivada de material orgânico, abrangendo organismos vivos ou recentemente vivos, bem como resíduos orgânicos. Esta energia gerada a partir da biomassa é designada por bioenergia. Os materiais utilizados para produzir bioenergia, conhecidos como matéria-prima, consistem principalmente em material vegetal ou animal. Embora várias matérias-primas apresentem diferentes composições físicas, o carbono, a água e os voláteis orgânicos estão normalmente presentes em todas elas. A biomassa, na sua essência, denota vida orgânica, enquanto a massa diz respeito ao peso. Por conseguinte, a biomassa significa a quantidade total ou o peso dos organismos numa determinada área ou volume. Com este entendimento, compreendemos o conceito e a definição de biomassa. Por outras palavras, a biomassa refere-se à matéria orgânica renovável proveniente de plantas e animais. Armazena energia química derivada da luz solar, gerada através da fotossíntese nas plantas. A biomassa pode ser queimada diretamente para produzir calor ou transformada em combustíveis líquidos e gasosos através de diversos métodos.

Nos países em desenvolvimento, a biomassa é normalmente utilizada para actividades domésticas como cozinhar, iluminar e aquecer, utilizando recursos como a lenha, o carvão vegetal e os resíduos agrícolas. No entanto, a eficiência desta prática varia tipicamente entre 5% e 15%. Do mesmo modo, em sectores industriais tradicionais como o processamento de tabaco, a produção de chá e o fabrico de tijolos, a biomassa serve como uma fonte de energia aparentemente sem custos, embora com uma baixa eficiência de conversão, frequentemente inferior a 15%. Em contrapartida, as práticas da Indústria Moderna adoptam tecnologias avançadas de conversão térmica, prevendo eficiências de conversão significativamente mais elevadas, entre 30% e 55%. A conversão química introduz métodos inovadores, como as células de combustível, que oferecem o potencial para ultrapassar as restrições tradicionais de eficiência associadas às unidades térmicas. Entretanto, as técnicas de conversão biológica, como a digestão anaeróbia e a fermentação, são utilizadas para produzir biogás e álcool, respetivamente. A energia da biomassa tem origem na captação de energia solar através da fotossíntese, em que o dióxido de carbono e a água são convertidos em compostos orgânicos. O potencial global de biomassa virgem é vasto, estimado em cerca de 100 vezes o consumo anual total de energia do mundo, armazenado principalmente na biomassa florestal. Apesar do potencial da biomassa marinha, a sua disponibilidade é limitada devido às elevadas taxas de rotação. A biomassa pode ser utilizada diretamente para fins de aquecimento ou convertida em combustíveis orgânicos sintéticos. Algumas espécies de biomassa produzem naturalmente hidrocarbonetos de elevada energia, proporcionando uma fonte contínua de produtos orgânicos sem se esgotarem. Na Índia, com a sua população e crescimento económico significativos, há um interesse crescente na biomassa como fonte de energia renovável para satisfazer as necessidades energéticas. Apesar dos desafios, a biomassa oferece uma via promissora para a produção de energia sustentável a nível mundial, contribuindo para a redução das emissões de gases com efeito de estufa e para a diminuição da dependência dos combustíveis fósseis [119-125]. As fontes de energia da biomassa incluem:

- **Madeira e resíduos da transformação da madeira**: Esta categoria inclui lenha, pellets de madeira, aparas de madeira, serradura e resíduos de fábricas de madeira e mobiliário, bem como licor negro de fábricas de pasta de papel e papel utilizado para a produção de biocombustíveis e eletricidade.
- **Culturas agrícolas e materiais residuais**: Inclui culturas e resíduos como milho, soja, cana-de-açúcar, switchgrass, plantas lenhosas, algas e subprodutos do processamento de culturas e alimentos, utilizados principalmente para a produção de biocombustíveis.
- **Materiais biogénicos nos resíduos sólidos urbanos:** Inclui produtos de papel, artigos de algodão e lã, e resíduos alimentares, de quintal e de madeira para minimizar a poluição ambiental e equilibrar o nosso ecossistema.
- **Estrume animal e esgotos humanos**: Estes materiais são utilizados para produzir biogás, uma forma de gás natural renovável, etc.

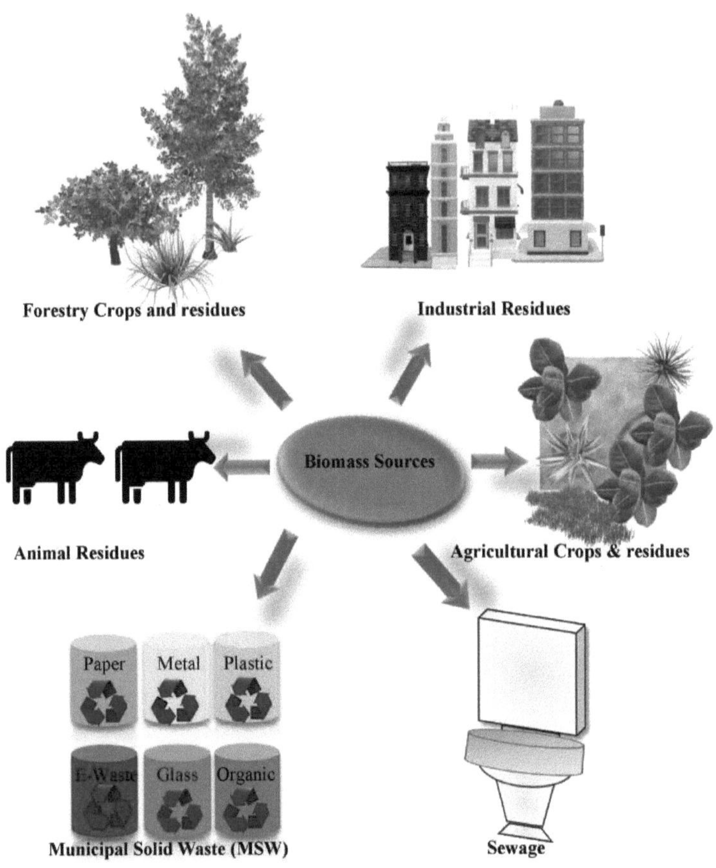

Figura:11 A figura acima mostra as fontes de biomassa

Processos de conversão de biomassa

A conversão da biomassa em energia baseia-se no processamento dos resíduos através de diferentes métodos. Factores como a qualidade e quantidade da biomassa, a disponibilidade, os custos operacionais, os produtos finais desejados e considerações ambientais influenciam a escolha da técnica de conversão. As principais tecnologias de conversão são os processos termoquímicos, bioquímicos e químicos. Tradicionalmente, a biomassa é utilizada para rações, alimentos, fibras, materiais de construção ou deixada a decompor-se naturalmente. A biomassa em decomposição ou os resíduos da colheita e do processamento podem, teoricamente, ser parcialmente recuperados como combustíveis fósseis ao longo do tempo. Em alternativa, a biomassa pode ser diretamente utilizada para aquecimento através de combustão ou convertida em combustíveis orgânicos sintéticos utilizando processos adequados. Certas espécies de biomassa, como a seringueira (Hevea brasiliensis) e o sebo chinês (Sapium sebiferum), produzem naturalmente hidrocarbonetos de alto valor energético, proporcionando uma fonte contínua de produtos orgânicos sem serem consumidos. Outras espécies, como o guaiúle (Parthenium argentatum) e a planta gopher (Euphorbia lathyris), também produzem hidrocarbonetos, mas precisam ser colhidas. Existem várias vias para converter a biomassa em produtos energéticos e combustíveis sintéticos. A escolha da tecnologia de conversão depende de factores como a qualidade e a quantidade de biomassa, a disponibilidade, os produtos finais desejados, a economia do processo e as preocupações ambientais [125127].

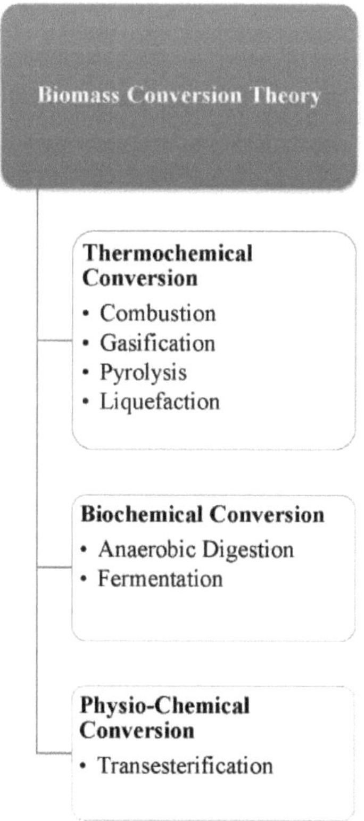

Figura:12 A figura acima mostra as tecnologias de conversão de biomassa

Conversão termoquímica-

Os processos termoquímicos de conversão da biomassa oferecem várias opções fundamentais, incluindo a combustão, a gaseificação, a pirólise e a liquefação. Entre estas, a combustão é a mais praticada na indústria, servindo para produzir calor e eletricidade. Seja com ou sem catalisadores, a maioria das conversões termoquímicas da biomassa pode influenciar significativamente os produtos finais. Embora estes processos possam não produzir diretamente energia utilizável, transformam efetivamente a biomassa original em vectores de energia mais práticos, como o gás de produção, os óleos ou o metanol. Estes vectores são vantajosos por serem mais densos em termos energéticos, reduzindo assim as despesas de transporte, ou por possuírem caraterísticas de combustão que os tornam adequados para utilização em motores de combustão interna e turbinas a gás. Utilizando calor, o processo de transformação termoquímica decompõe a matéria orgânica em biochar (sólido), bio-óleo (líquido) e gás de síntese. Esta reforma química, realizada a temperaturas elevadas, define a essência da conversão termoquímica, manifestando-se principalmente através das técnicas de pirólise, gaseificação e liquefação [128-129].

- **Combustão -** A combustão, uma tecnologia amplamente utilizada para a conversão de biomassa, tem sido utilizada pelo homem há séculos para cozinhar e aquecer casas através da queima de madeira e resíduos agrícolas. É especialmente eficaz na conversão de biomassa rica em lenhina, quer diretamente quer através de processos bioquímicos. Ao contrário de outros métodos, a combustão não é selectiva em relação à matéria-prima. Durante a combustão, a biomassa é transformada em CO2 e água, libertando energia com base no conteúdo energético da matéria-prima e na eficiência de conversão. A composição da biomassa, rica em matéria orgânica, afecta grandemente o desempenho da combustão, enquanto os componentes inorgânicos apresentam desafios nos reactores de leito fluidizado. Composta principalmente por carbono, hidrogénio e oxigénio, a biomassa também contém minerais formadores de cinzas na matéria-prima herbácea. A biomassa, com uma estrutura de hidratos de carbono, contém tipicamente 30-40% de oxigénio e 30-60% de carbono em matéria seca, com hidrogénio a constituir cerca de 5-6% e quantidades menores de azoto, enxofre e cloro. O elevado teor inorgânico conduz a problemas operacionais como a incrustação e a corrosão. Ao contrário de outros métodos, a combustão tem como objetivo simplificar o combustível sem ter em conta a complexidade da biomassa. Ao longo da história, a combustão tem sido utilizada para a produção de calor e eletricidade, predominantemente com madeira. Outros materiais, como resíduos de serração, culturas energéticas e resíduos agrícolas e de madeira peletizados, também são queimados de forma eficiente. Embora a combustão seja bem compreendida e economicamente viável, uma quantidade significativa do calor gerado é desperdiçada, o que levou a técnicas como os fogões de lama e de ferro-velho para melhorar a eficiência em regiões menos desenvolvidas [130-135].

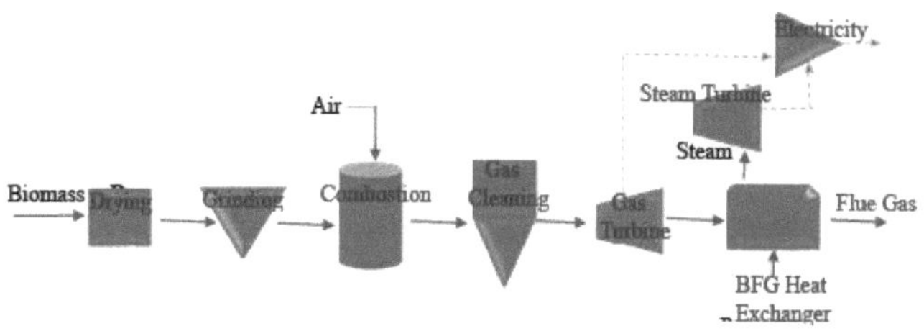

Figura:12 A figura acima mostra o processo de combustão da biomassa

- **Gaseificação** - A gaseificação da biomassa envolve a combustão incompleta da biomassa, resultando na criação de gases combustíveis como o monóxido de carbono (CO), hidrogénio (H2) e pequenas quantidades de metano (CH4), coletivamente designados por gás de produção. Este gás de produção tem diversas aplicações em diferentes sectores, incluindo a alimentação de motores de combustão interna, a substituição de óleo de forno em aplicações de aquecimento direto e o fabrico de metanol - um produto químico versátil utilizado como combustível e em processos industriais. A gaseificação implica essencialmente a oxidação parcial da matéria-prima orgânica, como a biomassa ou os resíduos, para gerar gás de síntese - uma mistura de hidrogénio, compostos orgânicos voláteis e monóxido de carbono - permitindo um controlo preciso da composição do gás de síntese através de ajustes nas condições do processo. O principal objetivo da gaseificação é converter o CO2 presente no exterior da biomassa em combustíveis sintéticos e intermediários orgânicos, normalmente aproveitando o hidrogénio para facilitar a redução do CO2. Além disso, a biomassa pode servir como fonte de hidrogénio, aumentando ainda mais a sua utilidade na produção de energia. O gás de síntese produzido através da gaseificação da biomassa serve como precursor de vários produtos químicos e combustíveis, incluindo o metano e outros compostos orgânicos. As caraterísticas da matéria-prima da biomassa, incluindo a dimensão das partículas, o teor de humidade e o teor de carbono e cinzas, desempenham um papel crucial na determinação do desempenho do gaseificador. Por conseguinte, uma compreensão abrangente dos parâmetros da matéria-prima, como a volatilidade e a composição elementar, é essencial para avaliar o processo de gaseificação. O funcionamento do gaseificador é influenciado pelo teor de humidade da matéria-prima de biomassa, sendo que níveis de humidade mais elevados conduzem a uma redução da eficiência e das taxas de produção. Um teor de humidade elevado necessita de mais energia para a vaporização, afectando a temperatura e a composição do gás. Além disso, um elevado teor de humidade resulta num gás de síntese com níveis de humidade mais elevados, o que coloca desafios ao equipamento a jusante. Garantir a uniformidade no tamanho da matéria-prima pode mitigar os problemas operacionais associados à gaseificação. A gaseificação, conduzida num intervalo de temperatura de 800°C a 1300°C, oferece flexibilidade na integração com vários processos industriais e sistemas de produção de energia. No entanto, a escolha da matéria-prima de biomassa e dos parâmetros operacionais tem um impacto significativo no desempenho do gaseificador e na qualidade do gás de síntese [136-144].

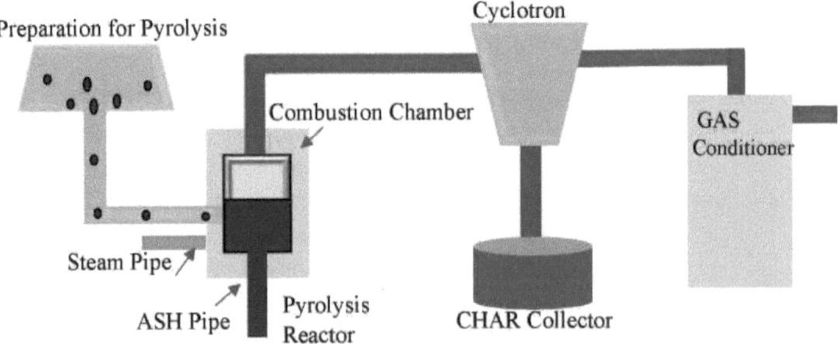

Figura:13 A figura acima mostra o processo de gaseificação da biomassa

- **Pirólise** - A pirólise envolve a decomposição da matéria orgânica através do calor na presença de azoto ou na ausência de oxigénio. É um processo exotérmico, normalmente utilizado com biomassa de madeira e agrícola em condições inertes, produzindo vapores contendo fragmentos de celulose, hemicelulose e lignina. Estes vapores podem ser condensados em bio-óleo. Enquanto a pirólise da celulose é endotérmica, as reacções da hemicelulose e da lenhina são exotérmicas, produzindo produtos gasosos como CO_2, CO, CH_4 e outros gases orgânicos. A composição do bio-óleo é influenciada pelas interações entre estes componentes. Os resultados da pirólise são influenciados por condições como a temperatura, a pressão, a taxa de aquecimento e o tempo de permanência. A pirólise rápida, conduzida a temperaturas elevadas e tempos de residência curtos, produz fracções líquidas abundantes, enquanto a pirólise intermédia oferece produtos líquidos menos viscosos com um teor reduzido de alcatrão. A pirólise lenta, a temperaturas mais baixas e tempos de residência mais longos, converte a biomassa em combustíveis sólidos como o carvão vegetal ou o biochar.

- A pirólise e a gaseificação oferecem vantagens na conversão de materiais sólidos em gases e vapores, facilitando o manuseamento, o transporte e o armazenamento. Estes produtos podem ser utilizados em vários sistemas de combustão, aumentando a flexibilidade e a segurança do combustível. No entanto, a necessidade de calor para as reacções químicas constitui um inconveniente, exigindo a utilização de combustível. No entanto, a pirólise é crucial para a produção de biochar e bio-óleo, desempenhando um papel fundamental na transformação da biomassa em produtos valiosos [127,140, 145-150].

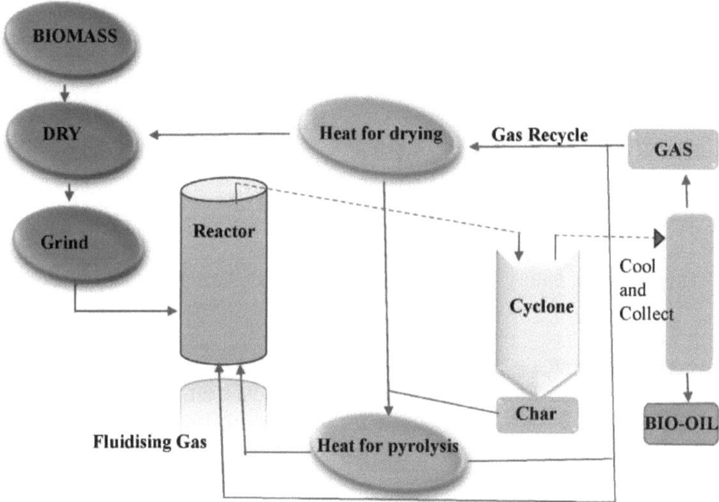

Figura: 14 A figura acima mostra o processo de pirólise da biomassa

- **Liquefação -** A liquefação hidrotérmica (HTL) e a liquefação catalítica oferecem formas eficientes de produzir produtos de alta qualidade e ricos em energia a partir da biomassa com um processamento mínimo. A HTL, também conhecida como pirólise hidratada, converte a biomassa húmida em óleo semelhante ao petróleo bruto, rico em energia e produtos químicos renováveis. A liquefação catalítica, conduzida numa fase líquida, utiliza catalisadores ou uma elevada pressão parcial de hidrogénio para melhorar a qualidade do produto. Ambos os métodos convertem a biomassa em compostos hidrofóbicos adequados para motores pesados ou combustíveis de transporte. A HTL é promissora na produção de combustíveis fósseis, uma vez que a adição de água sob pressão melhora a decomposição da matéria orgânica, contribuindo potencialmente para a formação de combustíveis fósseis. Apesar dos desafios técnicos, estas técnicas têm potencial para produzir recursos energéticos valiosos [151].

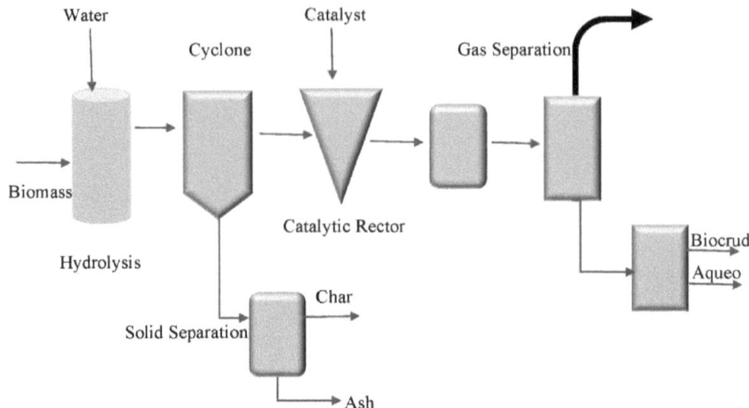

Figura:15 A figura acima mostra o processo de liquefação da biomassa

Conversão bioquímica - As tecnologias de conversão bioquímica de biomassa envolvem a utilização de métodos biológicos para produzir uma variedade de produtos e intermediários através da ação de microorganismos ou enzimas. Estes processos geram combustíveis e produtos químicos como biogás, hidrogénio, etanol, butanol, acetona e ácidos orgânicos, com o objetivo de substituir os produtos derivados do petróleo e dos cereais. Em comparação com outras técnicas de conversão, os métodos bioquímicos são conhecidos pela sua limpeza, pureza e eficiência. Através da engenharia microbiana, os microrganismos foram transformados em conversores eficientes de resíduos orgânicos em fontes de energia, fertilizantes e para o tratamento de água e de fluxos de resíduos. Estes processos, que utilizam tecnologias de fermentação, incluindo métodos aeróbicos e anaeróbicos, aproveitam o poder da levedura e das bactérias para converter resíduos em energia. A conversão bioquímica oferece vantagens como temperaturas de funcionamento e taxas de reação mais baixas em comparação com os processos termoquímicos. São tipicamente classificadas em digestão anaeróbia (DA) e fermentação microbiana, oferecendo uma abordagem sustentável e eficiente para a transformação da biomassa [151152].

- **Digestão anaeróbia -** A digestão anaeróbia (DA) oferece uma abordagem ecológica e económica para a gestão de diversos resíduos, incluindo a biomassa lignocelulósica, produzindo simultaneamente biocombustíveis e digeridos enriquecidos com nutrientes adequados para fertilização. Este método transforma a biomassa lignocelulósica em metano (CH_4) através de processos anaeróbios, sendo a produção de CH_4 influenciada por factores como o tipo de biomassa, a sua maturidade e as condições ambientais. A digestibilidade da biomassa é avaliada através do teste do potencial bioquímico do metano (BMP). A AD envolve um tratamento biológico em duas fases, efectuado em condições de temperatura específicas, que resulta na produção de biogás, contendo principalmente CH_4 e CO_2. Várias substâncias orgânicas, desde esgotos a resíduos agrícolas, podem ser processadas para produzir biogás, enquanto o resíduo restante serve como fertilizante valioso. A DA representa um processo biológico em várias fases orquestrado por microrganismos num ambiente anaeróbio, utilizando uma variedade de biomassas para produzir digeridos ricos em nutrientes adequados para aplicações agrícolas [153-154].

- **Fermentação -** A fermentação, um processo bioquímico, utiliza microrganismos em ambientes privados de oxigénio para transformar açúcares básicos como a hexose e a pentose em etanol e CO2. A Saccharomyces cerevisiae, uma levedura comum, é utilizada para esta tarefa, com matérias-primas divididas em culturas açucareiras, culturas amiláceas e resíduos lignocelulósicos. Para além do etanol e do CO2, a fermentação produz subprodutos como o glicerol e os ácidos carboxílicos. Diversas variáveis, como o tipo de biomassa, a temperatura, o pH e a duração da fermentação, afectam o resultado do processo. Dependendo do material inicial, são activadas diferentes vias metabólicas. Após a fermentação, o álcool bruto é submetido a destilação e desidratação para produzir álcool concentrado. O resíduo sólido que sobra pode servir como forragem para o gado ou combustível para caldeiras. A fermentação de soluções de açúcar com levedura natural gera álcool etílico adequado como combustível para veículos. As enzimas segregadas pelos microrganismos facilitam esta conversão de açúcares simples em álcoois e ácidos. O potencial de fermentação da biomassa depende da sua composição e estrutura, sendo os resíduos agrícolas e florestais considerados fontes promissoras. A utilização eficaz de monossugares nas estruturas lignocelulósicas requer um elevado rácio de hidrólise. Embora os inibidores representem um desafio para a conversão de substâncias poliméricas em açúcares fermentáveis, a produção de biogás e biohidrogénio a partir da biomassa lignocelulósica oferece um potencial substancial. A minimização dos inibidores e a maximização da produção de açúcar são fundamentais para o fabrico eficiente de biocombustíveis [155-157].

Conversão físico-química - A conversão físico-química combina abordagens físicas e químicas para alterar a biomassa, incluindo métodos como a torrefação, a conversão hidrotérmica, a carbonização hidrotérmica e a extração de fluidos supercríticos.

- **Transesterificação -** A transesterificação é um processo fundamental na produção de biodiesel, envolvendo a conversão de triglicéridos em ésteres alquílicos de ácidos gordos (FAAE) e glicerol. Este processo de três etapas resulta na formação de biodiesel (FAME) e glicerol bruto quando os monoglicéridos reagem com o metanol. Trata-se de uma reação química em que triglicéridos de várias fontes de biomassa, incluindo óleos vegetais e gorduras animais, reagem com álcool sob a influência de catalisadores como NaOH ou KOH. Esta reação ocorre a temperaturas de cerca de 50°C-70°C e é afetada por factores como o tempo de reação, a pressão e a concentração do catalisador. Além disso, os métodos de conversão físico-química oferecem abordagens alternativas ao processamento da biomassa, combinando técnicas físicas e químicas.

Matéria-prima de biomassa

A biomassa é um material orgânico, não fóssil, derivado de fontes biológicas, como plantas e animais, utilizado como matéria-prima para a produção de biocombustíveis. Também conhecida como matéria-prima de biomassa ou culturas energéticas, engloba uma vasta gama de materiais recolhidos na natureza ou as porções biológicas de resíduos. No cenário mais intensivo em biomassa, a energia da biomassa modernizada contribuirá, até 2050, com cerca de metade da procura total de energia nos países em desenvolvimento. O futuro cenário de fornecimento de energia inclui 385 milhões de hectares de plantações de energia de biomassa a nível mundial, com três quartos desta área estabelecidos em países em desenvolvimento. A biomassa, um termo genérico para materiais derivados de plantas em crescimento ou de estrume animal, tem caraterísticas únicas em comparação com outras energias renováveis, uma vez que pode ser convertida em líquidos, gases e sólidos para a produção de eletricidade ou de energia mecânica e calor. As primeiras fontes de biomassa foram a madeira e a erva seca, utilizadas para cozinhar e aquecer. Os progressos registados no mercado dos biocombustíveis aumentaram a capacidade de produção e deram origem a debates internacionais sobre a sustentabilidade. A biomassa, a opção bioenergética mais importante, pode ser queimada, transformada em combustíveis gasosos ou convertida em biocombustíveis líquidos, como o etanol e o metanol, satisfazendo potencialmente necessidades significativas de combustível para transportes. A matéria orgânica de organismos vivos, incluindo culturas, resíduos e algas, pode ser utilizada como matéria-prima sustentável para várias aplicações industriais e produtos energéticos. As matérias-primas da biomassa incluem culturas energéticas específicas, resíduos de culturas agrícolas, resíduos florestais, algas, resíduos da transformação da madeira, resíduos urbanos e resíduos húmidos, tais como resíduos de culturas, resíduos florestais, gramíneas cultivadas para fins específicos, culturas energéticas lenhosas, algas, resíduos industriais, resíduos sólidos urbanos triados, resíduos urbanos de madeira e resíduos alimentares [158-159].

Tipos de matérias-primas de biomassa - As várias formas de matérias-primas de biomassa são a madeira, os produtos agrícolas, os resíduos sólidos, o gás de aterro, o biogás e os biocombustíveis.

- **Lenhosa -** A biomassa lenhosa inclui árvores, arbustos e arvoredos, enquanto a biomassa herbácea consiste em plantas não lenhosas que morrem no final da estação de crescimento. A biomassa lenhosa pode ser classificada em fontes de plantação, subprodutos e madeira usada. A biomassa herbácea inclui os grãos e os seus subprodutos, como os cereais. A biomassa de frutos provém de partes de plantas que contêm sementes. As misturas referem-se a misturas intencionais de biomassa, enquanto as misturas não são intencionais. As fontes de biomassa lenhosa incluem a madeira florestal, as culturas lenhosas de crescimento rápido, as gramíneas anuais e perenes, os resíduos de culturas e o estrume animal. Métodos de conversão como a pirólise transformam a madeira em calor, energia, combustível e biochar, o que aumenta a capacidade de retenção de água no solo e o armazenamento de carbono. A madeira não comestível serve como uma valiosa matéria-prima biológica para a produção de combustíveis, produtos químicos e materiais, reduzindo a dependência de recursos fósseis como o petróleo. A combustão da biomassa reduz as emissões de gases com efeito de estufa em comparação com os combustíveis fósseis, uma vez que o dióxido de carbono libertado é compensado pelo crescimento de nova biomassa sequestrante de carbono. Os produtos de madeira duráveis provenientes da biomassa continuam a armazenar o carbono absorvido durante o crescimento das árvores. Além disso, a utilização de biomassa ajuda na recuperação de terras, reduz a erosão do solo e protege as bacias hidrográficas. A supressão de incêndios no Noroeste levou a uma acumulação excessiva de combustível, aumentando a gravidade dos incêndios. O desbaste e os tratamentos de combustíveis perigosos reduzem este risco, removendo as árvores mais pequenas, que são frequentemente demasiado pequenas para uso comercial e são deixadas a apodrecer ou a ser queimadas. No entanto, os resíduos do abate de árvores podem servir como fonte de biocombustível. O relatório "billionTon" de 2016 estima que 1 345 000 toneladas secas de resíduos florestais anuais no Oregon, Washington e Idaho do Norte produzam potencialmente 1,3 mil milhões de galões de etanol por ano, cerca de 1% do consumo de combustível nos EUA. A remoção do folhelho ajuda a evitar os custos de eliminação do mato e previne os danos no solo provocados pelas pilhas de resíduos queimados, mas deixar demasiado folhelho aumenta o risco de incêndio e dificulta a reflorestação. Devem ser deixados alguns detritos lenhosos para proteger as novas árvores e devolver os nutrientes ao solo. Os pellets e briquetes de madeira comprimida feitos de serradura, aparas e aparas oferecem fontes de energia de biomassa práticas e económicas. A biomassa lenhosa, derivada de árvores e classificada como sucata de construção, resíduos de serração e resíduos florestais, é renovável com uma gestão florestal e florestação adequadas.

- **Produtos agrícolas -** As matérias-primas agrícolas referem-se a materiais como a cana-de-açúcar, subprodutos da cana-de-açúcar, sorgo doce, beterraba sacarina, biomassa, óleos renováveis, fibras, algas, biomassa lenhosa e outras substâncias orgânicas. No sector das energias renováveis, as matérias-primas agrícolas incluem uma grande variedade de culturas e resíduos: culturas de amido e açúcar como o milho e o sorgo, culturas de gramíneas como a switchgrass e o miscanthus, culturas oleaginosas como a soja e o girassol, bem como resíduos de culturas como o restolho de milho, as espigas de milho e as cascas de nozes. Estas matérias-primas oferecem soluções energéticas sustentáveis, utilizando terras de cultivo marginais e aumentando o valor dos resíduos de baixo valor das actividades agrícolas e de transformação de alimentos. Os peritos neste domínio têm conhecimentos profundos das ciências agrícolas, da economia agrícola e da tecno-economia da produção de energias renováveis. Avaliam os aspectos económicos das tecnologias de pré-processamento, transporte, armazenamento e conversão de matérias-primas específicas e identificam os benefícios ou desafios económicos, logísticos e técnicos que podem afetar a viabilidade dos projectos de energias renováveis que utilizam estas matérias-primas agrícolas.

- **Resíduos Sólidos Urbanos** - Os resíduos sólidos urbanos (RSU) incluem o lixo quotidiano produzido pelos agregados familiares, empresas e instituições. Estes resíduos incluem: Restos de comida, Papel, cartão, Plásticos, Vidro, Metais e Têxteis, etc. A gestão dos RSU envolve a sua recolha, transporte e eliminação ou reciclagem. Os métodos de eliminação típicos incluem a deposição em aterro, a incineração, a reciclagem e a compostagem, todos com o objetivo de recuperar materiais e reduzir os resíduos. Uma gestão eficiente dos RSU é essencial para a proteção do ambiente, a conservação dos recursos e a salvaguarda da saúde pública. Tecnologias como a valorização energética dos resíduos podem transformar os RSU em eletricidade, calor ou combustível, proporcionando soluções energéticas sustentáveis. Os RSU também englobam resíduos mistos comerciais e residenciais, tais como aparas de jardim, borracha, couro e resíduos alimentares. A conversão de RSU em bioenergia ajuda a reduzir os resíduos residenciais e comerciais, redireccionando quantidades substanciais dos aterros para as refinarias.
- Algas - As algas como matérias-primas para a bioenergia referem-se a um grupo diversificado de organismos altamente produtivos, incluindo microalgas, macroalgas (algas marinhas) e cianobactérias (anteriormente designadas por "algas azuis-verdes"). Muitas utilizam a luz solar e os nutrientes para criar biomassa, que contém componentes-chave - lípidos, proteínas e hidratos de carbono - que podem ser convertidos e melhorados em vários biocombustíveis e produtos. Dependendo da estirpe, as algas podem crescer utilizando água doce, salgada ou salobra de fontes de água de superfície, águas subterrâneas ou água do mar. Além disso, podem crescer em água de fontes de utilização secundária, como águas residuais industriais tratadas, águas residuais municipais, agrícolas ou de aquacultura, ou água produzida a partir de operações de perfuração de petróleo e gás.

Vantagens, desvantagens e desafios da energia da biomassa

Vantagens da energia da biomassa

1. **Renovável** - A energia da biomassa é um recurso renovável que pode ser rapidamente regenerado. Embora o fornecimento de matéria orgânica diminua com a utilização, pode ser reabastecido durante a vida humana, garantindo um fornecimento constante.
2. **Fiável** - A biomassa é uma fonte de energia fiável que pode gerar eletricidade a qualquer momento. Ao contrário das fontes renováveis intermitentes, como a eólica e a solar, as centrais de energia de biomassa podem funcionar continuamente, oferecendo energia consistente.
3. **Abundante** - A biomassa está amplamente disponível e é abundante. O material

orgânico é produzido diariamente em todo o mundo, desde florestas e terrenos de cultivo a resíduos e aterros sanitários. No entanto, a gestão responsável é crucial para manter esta oferta abundante.

4. **Redução de resíduos -** A energia da biomassa reduz os resíduos ao converter materiais biodegradáveis, como os resíduos alimentares e vegetais, em eletricidade. Este processo diminui os resíduos depositados em aterros, minimiza o impacto ambiental e liberta terrenos para outras utilizações.
5. **Neutro em termos de carbono -** A biomassa é considerada neutra em termos de carbono porque o dióxido de carbono libertado durante a produção de energia é igual à quantidade absorvida pelas plantas durante o seu ciclo de vida. Este equilíbrio evita que emissões adicionais de carbono entrem na atmosfera.
6. **Redução da dependência dos combustíveis fósseis -** A biomassa ajuda a reduzir a dependência dos combustíveis fósseis, que são limitados e têm inconvenientes ambientais significativos, incluindo elevadas emissões de carbono e poluição resultante da extração e processamento.
7. **Rentável -** A produção de energia a partir da biomassa é frequentemente mais rentável do que a produção de combustíveis fósseis. A tecnologia necessária é mais barata, permitindo que os fabricantes obtenham maiores lucros com uma produção menor.
8. **Benefícios económicos -** A produção de biomassa proporciona uma fonte de rendimento aos produtores de resíduos, convertendo o lixo num recurso energético rentável.
   Ao abordar estes aspectos, a energia da biomassa oferece uma alternativa sustentável, fiável e amiga do ambiente aos combustíveis fósseis tradicionais.

Desvantagens da energia da biomassa

1. **Poluição ambiental -** A queima de biomassa pode levar a problemas ambientais significativos. Por exemplo, a queima de madeira emite poluentes semelhantes aos do carvão, e a poluição do ar interior resultante da queima em recintos fechados pode ser particularmente perigosa. Tal como os combustíveis fósseis, a biomassa liberta dióxido de carbono quando é queimada. Além disso, a queima de resíduos pode aumentar significativamente os níveis de metano, um gás com efeito de estufa com um potencial de aquecimento muito mais elevado do que o dióxido de carbono.

2. **Ineficiência -** Os biocombustíveis, como o etanol, são menos eficientes do que os combustíveis fósseis e muitas vezes precisam de ser combinados com eles para aumentar a sua eficácia. Esta ineficiência limita a escalabilidade da energia da biomassa.
3. **Desflorestação -** A madeira é um material primário para a energia de biomassa, mas a sua procura pode exceder a oferta, causando desflorestação. Esta situação é particularmente problemática em países como a Indonésia, onde as plantações de biocombustíveis conduziram a uma desflorestação extensiva.
   A desflorestação não só prejudica a biodiversidade, como também reduz a absorção de CO2, uma vez que as árvores adultas são mais eficientes na fixação

do carbono do que as jovens.

4. **Impacto na produção alimentar** - O cultivo de culturas para biocombustíveis pode competir com a produção alimentar, suscitando preocupações de que a agricultura de biocombustíveis em grande escala possa afetar os preços e a disponibilidade dos alimentos. As monoculturas necessárias para as culturas de biocombustíveis podem também reduzir a biodiversidade e degradar a qualidade dos nutrientes do solo.
5. **Elevados custos de produção** - Embora a biomassa seja geralmente mais barata e mais segura de desenvolver do que os combustíveis fósseis, o cultivo de culturas energéticas de biomassa requer grandes áreas de terra, tornando o processo moroso e dispendioso. Existem custos adicionais associados à extração, transporte e armazenamento da biomassa antes da produção de eletricidade. Este facto torna a energia da biomassa mais dispendiosa do que outras opções renováveis, embora continue a ser mais barata do que os combustíveis fósseis.

Desafios da energia da biomassa

- **Desafios ambientais**
    1. **Impactos ambientais negativos:** A produção de biomassa pode resultar em desflorestação, degradação dos solos, poluição da água e perda de biodiversidade.
    2. **Questões relacionadas com a utilização dos solos:** As monoculturas em grande escala para culturas de biocombustíveis podem competir com a produção alimentar, esgotar os nutrientes do solo, degradar a paisagem e reduzir a biodiversidade.
- **Desafios económicos**
    1. **Custos de aquisição de matéria-prima:** A dispersão dos recursos de biomassa conduz a elevadas despesas de transporte, o que leva à centralização dos projectos de biomassa perto das fontes.
    2. **Elevados custos de investimento e de capital:** O capital descentralizado, a fraca rentabilidade, a flutuação dos preços do petróleo bruto e os elevados riscos de mercado desencorajam os investidores. Além disso, os elevados custos das tecnologias de pré-tratamento da biomassa constituem um encargo financeiro.
- **Desafios sociais-**
    - **Tomada de decisões conflituosas**: A seleção de fornecedores, localizações, rotas e tecnologias exige uma melhor comunicação e liderança.
    - **Impactos sociais:** As plantações de biomassa podem deslocar comunidades indígenas e perturbar os ecossistemas, aumentando o tráfego e as necessidades de serviços nas zonas rurais, o que pode ofuscar os benefícios da criação de emprego.
- **Desafios operacionais-**
    1. **Indisponibilidade de matérias-primas:** A má gestão dos recursos e a

falta de apoio governamental limitam o crescimento da indústria da biomassa.

2. **Disponibilidade regional e sazonal:** As variações sazonais afectam a disponibilidade de biomassa, influenciando os preços dos combustíveis e exigindo uma área significativa para a colheita e armazenamento.
3. **Desafios de fornecimento em grande escala-**
4. **Problemas de densidade energética:** O elevado teor de humidade da biomassa diminui a densidade energética, tornando o transporte ineficiente. A forma da matéria-prima de biomassa (lascada, peletizada, arredondada, enfardada) afecta a densidade aparente e a economia do transporte, exigindo compactação e densificação para ser eficiente [160-165].

CAPÍTULO 5: ENERGIA GEOTÉRMICA

A energia geotérmica, derivada das palavras gregas "geo" (terra) e "térmica" (calor), é o calor extraído da terra. Esta fonte de energia é aproveitada em todo o mundo para gerar eletricidade e aquecer edifícios, estufas e outras instalações. O núcleo da Terra, a cerca de 4.000 quilómetros abaixo da superfície, é constituído por ferro fundido extremamente quente que envolve um centro de ferro sólido, com temperaturas que variam entre os 5.000 e os 11.000 graus Fahrenheit. Este calor é continuamente produzido pelo lento decaimento de partículas radioactivas nas rochas. A envolver o núcleo está o manto, uma camada com cerca de 1.800 quilómetros de espessura composta por rocha sólida e magma fundido. A camada mais externa, a crosta, está fragmentada em placas tectónicas que se deslocam e interagem num processo conhecido como deriva continental. O magma, ou rocha derretida, pode subir perto da superfície da Terra em áreas onde a crosta é fina, tem falhas ou está fracturada devido à atividade tectónica. Quando este calor do subsolo é transferido para a água, forma um tipo de energia geotérmica utilizável. A energia geotérmica é renovável porque a água é reabastecida pela chuva e a terra gera calor continuamente. As caraterísticas observáveis da energia geotérmica incluem vulcões, fontes termais, géiseres e fumarolas, embora a maior parte da energia geotérmica esteja localizada nas profundezas do subsolo.

As civilizações antigas, como os romanos, os chineses e os nativos americanos, utilizavam as fontes minerais quentes para tomar banho, cozinhar e aquecer. Nos tempos modernos, as fontes termais são utilizadas globalmente em spas e para aquecimento de edifícios, bem como para aplicações agrícolas e industriais. A produção de eletricidade utilizando a energia geotérmica começou em 1904, quando os italianos construíram um gerador elétrico em Lardarello, alimentado pelo vapor natural da terra. O primeiro projeto de energia geotérmica nos EUA teve início nos Geysers, no norte da Califórnia, em 1922, com uma pequena central bem sucedida em 1960. Os geólogos utilizam vários métodos para localizar os recursos geotérmicos, como a análise de fotografias aéreas e mapas geológicos, o estudo da química da água e a medição das variações da gravidade e dos campos magnéticos. No entanto, a perfuração de poços é a única forma definitiva de medir as temperaturas subterrâneas. Os recursos geotérmicos mais activos encontram-se ao longo das principais fronteiras de placas tectónicas, onde se concentram os terramotos e os vulcões, em especial em torno do "Anel de Fogo" que circunda o Oceano Pacífico. O magma aquece a água subterrânea no interior de rochas porosas ou ao longo de superfícies fracturadas, criando recursos hidrotermais. A confirmação dos reservatórios geotérmicos envolve a perfuração de poços e o teste das temperaturas subterrâneas. A maioria dos reservatórios geotérmicos dos EUA está localizada nos estados ocidentais, no Alasca e no Havai, sendo a Califórnia o estado que gera mais eletricidade geotérmica. Os Geysers, no norte da Califórnia, são o maior campo de vapor seco do mundo, produzindo eletricidade desde 1960.

A energia geotérmica é renovável porque é continuamente reabastecida. Os recursos geotérmicos da Terra são mais do que suficientes para satisfazer as necessidades energéticas da humanidade, embora apenas uma fração possa ser explorada economicamente. Os poços geotérmicos emitem alguns gases com efeito de estufa, mas muito menos por unidade de energia do que os combustíveis fósseis. Os avanços tecnológicos alargaram a gama e a dimensão dos recursos geotérmicos viáveis, especialmente para o aquecimento residencial. A energia geotérmica é rentável, fiável, sustentável e amiga do ambiente, contribuindo para a segurança energética, o crescimento económico e a atenuação das alterações climáticas [166174]. A utilização da energia geotérmica remonta a civilizações antigas, com os romanos, chineses e nativos americanos a utilizarem fontes minerais quentes para tomar banho, cozinhar e aquecer. Atualmente, as fontes termais continuam a ser populares para tomar banho e acredita-se que têm propriedades curativas. A aplicação moderna mais comum da energia geotérmica é em sistemas de aquecimento urbano, em que a água quente proveniente da superfície da terra é utilizada para aquecer edifícios e indústrias. Por exemplo, 95% dos edifícios em Reykjavik, na Islândia, são aquecidos desta forma. Outras utilizações diretas incluem a agricultura e a secagem de madeira, frutas e legumes. A energia geotérmica tem três objectivos principais:

Sistemas de uso direto e de aquecimento urbano: Estes sistemas utilizam água quente de nascentes ou reservatórios próximos da superfície.

Produção de eletricidade: Requer água ou vapor a alta temperatura (300 a 700 graus Fahrenheit) e está normalmente localizada perto de reservatórios geotérmicos a uma ou duas milhas da superfície.

Bombas de calor geotérmicas: Estas bombas utilizam temperaturas estáveis do solo ou da água perto da superfície da terra para regular as temperaturas dos edifícios.

Central Geotérmica - A energia geotérmica está amplamente disponível em toda a superfície da Terra, exceto nas regiões vulcânicas. Os países desenvolvidos já estão a explorar este recurso para a produção de energia devido à sua capacidade fiável de produção de base, não afetada pelas variações meteorológicas ou sazonais. A temperatura do núcleo da Terra é de cerca de 3100°C, e existe um gradiente de temperatura de 0,03°C por metro de profundidade. As propriedades isolantes da crosta permitem que o calor se escape gradualmente, convertendo a água em vapor após o contacto. A condução e a convecção são os principais métodos de transferência de calor na crosta. Os sistemas convectivos, onde as rochas fracturadas e os fluidos em circulação são abundantes, transferem eficazmente o calor, criando recursos hidrotermais. Os poços geotérmicos, normalmente perfurados a cerca de 3 km de profundidade, acedem ao calor da crosta terrestre sob a forma de água quente e vapor. Estes fluidos são encaminhados para centrais geotérmicas onde a sua energia térmica é convertida em formas utilizáveis. O vapor acciona uma turbina ligada a um gerador, produzindo eletricidade para fins de aquecimento e refrigeração. Com o esgotamento das fontes de combustíveis fósseis, a energia geotérmica constitui uma alternativa crucial, quase inesgotável, com um potencial comercial significativo. No entanto, para manter a sustentabilidade, a taxa de consumo de energia geotérmica não deve exceder a sua taxa de reposição natural. A água, frequentemente água de superfície como a água da chuva, actua como transportador de calor nos sistemas geotérmicos. Penetra profundamente na crosta fracturada e permeável, trocando calor com as rochas. A transferência eficiente de calor por convecção ocorre em regiões com abundância de fluidos em circulação, que podem ser facilmente explorados através da perfuração de poços. Os recursos hidrotermais podem atingir temperaturas até 300°C, proporcionando opções versáteis de produção de calor e eletricidade [174].

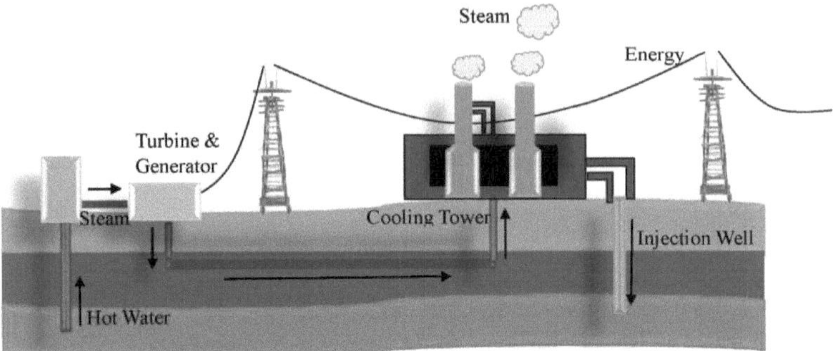

Figura:16 A figura acima Energia geotérmica

Tipos de centrais eléctricas geotérmicas - Existem três tipos básicos de centrais eléctricas geotérmicas (GPP):

- Instalações de vapor seco
- Instalações de vapor flash
- Centrais eléctricas de ciclo binário
- **Instalação de vapor seco**

  As centrais de vapor seco são um tipo simples e eficiente de central geotérmica, implantada pela primeira vez em Itália em 1911. Dependem de reservatórios dominados pelo vapor, que são raros, para gerar o vapor necessário. Estas centrais minimizam a condensação do vapor para obter um elevado rendimento da turbina, com uma eficiência isentrópica de cerca de 85%. Recomenda-se uma capacidade de produção de pelo menos 1 MWe para um desempenho ótimo. A produção de eletricidade a partir de vapor seco exige que a fonte de vapor esteja próxima da superfície (a menos de 5 km) e tenha aberturas suficientes para permitir a subida do vapor. A operação envolve a canalização do vapor dos poços geotérmicos para uma unidade de turbina/gerador, convertendo a energia térmica e cinética em eletricidade. Este processo utiliza normalmente turbinas de condensação, sendo o condensado re-injetado ou evaporado. As centrais de vapor seco utilizam vapor a temperaturas de 150°C ou superiores, com capacidades que variam entre 8 MW e 140 MW, e são responsáveis por cerca de 50% da energia geotérmica mundial. Apesar da sua simplicidade, a gestão dos sólidos e dos gases presentes no vapor, como o dióxido de carbono e o sulfureto de hidrogénio, é necessária e requer frequentemente um tratamento de acordo com as normas ambientais. Sendo o tipo mais antigo de centrais geotérmicas, as centrais de vapor seco utilizam fluidos hidrotermais que são essencialmente vapor, um fenómeno natural raro. O vapor é canalizado diretamente para uma turbina, accionando um gerador para produzir eletricidade [175-176].

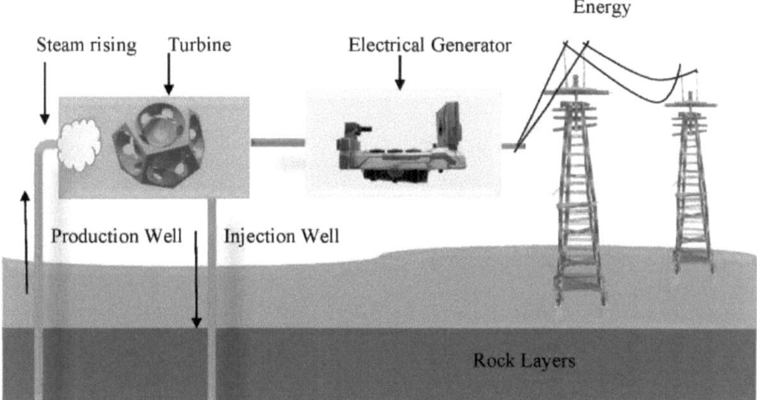

Figura:17 A figura acima Energia do vapor seco

- **Instalação de vapor flash**

As centrais de vapor flash aproveitam a água quente a alta pressão das profundezas da terra, convertendo-a em vapor que acciona as turbinas dos geradores. À medida que o vapor arrefece, condensa-se novamente em água, que é depois reinjectada no solo para reutilização, tornando o processo sustentável. Estas centrais são o tipo mais comum de central geotérmica, utilizando reservatórios de água com temperaturas superiores a 182°C. Quando a água quente flui para cima através de poços sob a sua própria pressão, a pressão diminui, fazendo com que parte da água entre em ebulição ou se transforme em vapor. Este vapor é então separado da água e utilizado para alimentar uma turbina. A água quente remanescente pode ser novamente evaporada a pressões e temperaturas progressivamente mais baixas para produzir mais vapor, resultando em centrais de evaporação dupla ou tripla. O processo começa por canalizar o vapor para uma unidade de turbina/gerador, tal como numa central de vapor seco. A fase líquida é separada do vapor e reinjectada na subsuperfície. As centrais de vapor flash variam em tamanho, consoante sejam simples, duplas ou triplas, com uma capacidade média de 30 Mwe.

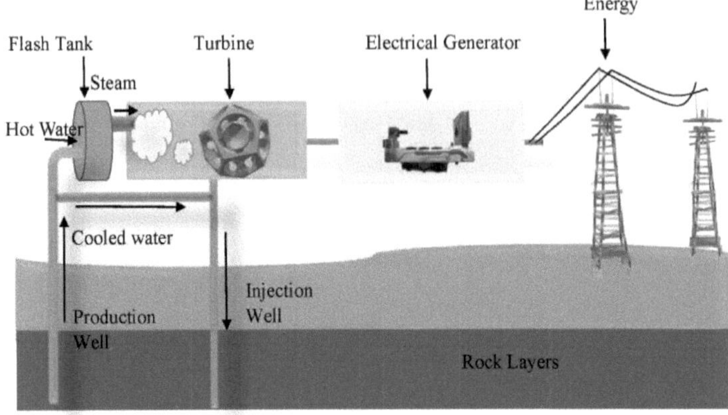

Figura:18 A figura acima Energia do vapor instantâneo

- Central eléctrica de ciclo binário

As centrais de ciclo binário geram eletricidade através da transferência de calor da água quente geotérmica para outro líquido, fazendo-o vaporizar e acionar uma turbina geradora. Esta tecnologia, que tem avançado significativamente, é particularmente eficaz para fluidos geotérmicos de baixa a média temperatura e águas quentes residuais de campos geotérmicos dominados pela água. O processo envolve um fluido de trabalho, normalmente um composto orgânico com um baixo ponto de ebulição, que é vaporizado num permutador de calor, utilizado para fazer girar uma turbina, sendo depois arrefecido e condensado num circuito fechado. A água geotérmica é reinjectada no solo, mantendo a sustentabilidade com emissões atmosféricas mínimas. As centrais de ciclo binário podem utilizar fluidos geotérmicos na gama de temperaturas entre 73°C e 180°C. Existem dois tipos principais: Ciclos Rankine Orgânicos (ORC), que utilizam um fluido orgânico puro, e ciclos Kalina, que utilizam uma mistura de água e amoníaco. Os limites de temperatura do fluido de trabalho dependem da sua estabilidade térmica e viabilidade económica, influenciada pelo custo dos permutadores de calor e outros componentes. Estas centrais são modulares, variando tipicamente entre algumas centenas de kWe e alguns MWe, mas podem ser combinadas para formar centrais eléctricas maiores, até dezenas de megawatts. Os custos são influenciados pela temperatura do fluido geotérmico, que afecta a dimensão das turbinas, dos permutadores de calor e dos sistemas de arrefecimento. As unidades combinadas que integram ciclos de vapor e binários ou sistemas de co-geração de calor e eletricidade estão a ser desenvolvidas para uma maior otimização. Também são possíveis centrais híbridas que utilizam a energia geotérmica com outras fontes como a energia solar, a biomassa ou os resíduos.

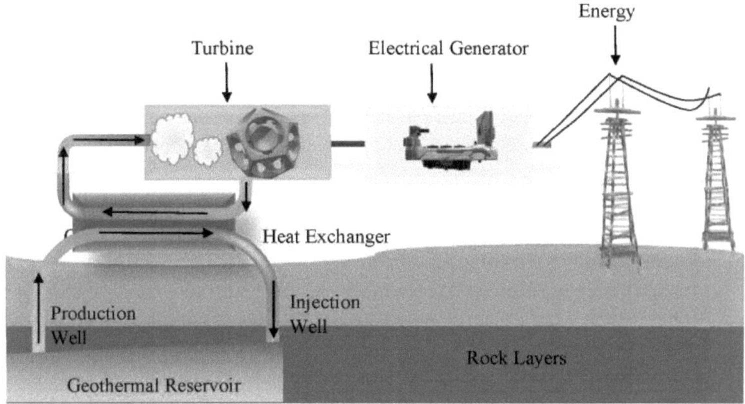

Figura:18 A figura acima Energia do vapor instantâneo

Vantagens, desvantagens e desafios da energia geotérmica

Vantagens da energia geotérmica

1. **Renovável e sustentável:** Os reservatórios geotérmicos reabastecem-se naturalmente, proporcionando uma fonte de energia sustentável e renovável que pode durar milhares de milhões de anos.
2. **Energia de base:** As centrais geotérmicas funcionam continuamente, 24 horas por dia, 7 dias por semana, oferecendo um fornecimento de eletricidade consistente e fiável, ao contrário da energia solar e eólica que depende das condições meteorológicas.
3. **Recurso doméstico:** Nos EUA, a energia geotérmica pode ser utilizada sem a necessidade de combustíveis importados, aumentando a segurança energética nacional.
4. **Pegada ecológica reduzida:** As centrais geotérmicas ocupam muito menos terreno do que as centrais a carvão, eólicas ou solares fotovoltaicas, minimizando o impacto ambiental.
5. **Amigo do ambiente:** As modernas centrais geotérmicas de ciclo fechado não emitem praticamente gases com efeito de estufa, com emissões de ciclo de vida muito inferiores às de outras energias renováveis como a solar fotovoltaica.
6. **Produção constante de energia:** As centrais geotérmicas funcionam continuamente, com uma média de cerca de 8.600 horas de funcionamento por ano, em comparação com as cerca de 2.000 horas das centrais solares.
7. **Compacto e eficiente:** As centrais geotérmicas necessitam de menos espaço do que as turbinas eólicas ou os painéis solares, com a maioria dos componentes

enterrados no subsolo, reduzindo o impacto visual.

8. **Funcionamento silencioso:** Uma vez em funcionamento, as centrais geotérmicas produzem um ruído mínimo, o que as torna adequadas tanto para utilização residencial como em grande escala.
9. **Criação de emprego:** A energia geotérmica cria mais emprego indireto do que outras fontes renováveis, com uma criação de emprego significativa por megawatt instalado.
10. **Produção eficiente de energia:** As centrais geotérmicas funcionam normalmente a plena capacidade, produzindo mais energia para a mesma potência nominal em comparação com outros sistemas renováveis.
11. **Reciclagem e otimização de recursos:** As centrais geotérmicas podem reciclar componentes e calor dentro do sistema, optimizando a utilização de recursos e reduzindo os resíduos.
12. **Duradoura e fiável:** Tanto as centrais geotérmicas residenciais como as de grande escala têm uma longa vida útil (até 80-100 anos) e são seguras e fiáveis devido à ausência de combustíveis.
13. **Manutenção mínima:** Os sistemas geotérmicos requerem pouca manutenção, especialmente em aplicações residenciais, graças ao seu design de circuito fechado.
14. **Aplicações versáteis:** A energia geotérmica é útil tanto para aquecimento como para arrefecimento, o que a torna adequada para vários edifícios, desde casas a instalações públicas.
15. **Reduz o consumo global de energia:** Os sistemas geotérmicos podem reduzir significativamente o consumo de energia através do fornecimento de aquecimento, arrefecimento e água quente, reduzindo a utilização geral em 30-70%.

14. **Pegada de carbono mínima:** As centrais geotérmicas emitem níveis muito baixos de CO_2 em comparação com as centrais eléctricas convencionais, o que as torna amigas do ambiente.
15. **Potencial enorme:** Embora apenas uma pequena fração do potencial da energia geotérmica seja atualmente utilizada, esta oferece oportunidades significativas de crescimento e produção de energia.
16. **Estável e previsível:** A produção de energia geotérmica é altamente previsível e estável, ideal para satisfazer as necessidades energéticas de base.
17. **Aquecimento e arrefecimento eficazes:** Os sistemas geotérmicos utilizam as temperaturas estáveis da terra para um aquecimento e arrefecimento eficientes, independentemente das condições climatéricas.
18. **Utilização mínima do solo e poluição:** A energia geotérmica requer pouca terra e produz um mínimo de poluição, o que a torna uma escolha amiga do ambiente.

Desvantagens da energia geotérmica

1. **Preocupações ambientais:** As centrais geotérmicas podem emitir gases com efeito de estufa, como o sulfureto de hidrogénio, o dióxido de carbono, o metano e o amoníaco, embora em quantidades significativamente inferiores às dos

combustíveis fósseis. Além disso, libertam dióxido de enxofre e sílica, e os reservatórios geotérmicos podem conter metais pesados tóxicos como o mercúrio, o arsénio e o boro.

2. **Instabilidade da superfície:** A construção de centrais geotérmicas pode causar afundamentos de terras e desencadear sismos devido à fracturação hidráulica, como se viu em locais como a Alemanha, a Nova Zelândia e a Suíça.
3. **Custos elevados:** Os custos iniciais dos projectos geotérmicos são substanciais, variando normalmente entre 2 e 7 milhões de dólares por megawatt, principalmente devido às elevadas despesas associadas à exploração e perfuração. Isto torna a energia geotérmica menos rentável em comparação com outras fontes renováveis, tendo em conta a tecnologia e os subsídios actuais.
4. **Especificidade da localização:** Os reservatórios geotérmicos adequados para a produção de energia estão frequentemente localizados perto de limites de placas tectónicas ou de pontos quentes. Esta limitação geográfica restringe a viabilidade da construção de centrais geotérmicas a áreas específicas.
5. **Potencial de esgotamento:** Os reservatórios geotérmicos podem esgotar-se se a água for extraída mais rapidamente do que é reabastecida. No entanto, a re-injeção de fluidos nos reservatórios pode ajudar a mitigar este problema.
6. **Baixa eficiência:** As centrais geotérmicas têm geralmente uma eficiência global de cerca de 15%, que é inferior à das centrais eléctricas baseadas em combustíveis fósseis.
7. **Poluição sonora:** As operações de perfuração necessárias para a produção de energia geotérmica podem ser ruidosas, causando perturbações durante a fase de instalação.
8. **Redução do tempo de vida das centrais:** A natureza corrosiva dos fluidos geotérmicos pode reduzir o tempo de vida das centrais geotérmicas.

Desafios da energia geotérmica

- **Requisitos de desenvolvimento específicos do local:**
  Os sistemas de energia geotérmica deparam-se com obstáculos devido aos requisitos de desenvolvimento específicos de cada local. As variações na disponibilidade e qualidade dos recursos geotérmicos entre regiões limitam a sua adoção generalizada.
- **Complexidade técnica e riscos associados:**
  As complexidades técnicas e os riscos associados aos projectos geotérmicos, que envolvem actividades como a perfuração e a gestão de fluidos a alta pressão, impedem os esforços de desenvolvimento.
- **Considerações ambientais:**
  As considerações ambientais, como o afundamento de terras e a contaminação da água, exigem uma monitorização cuidadosa e esforços de mitigação nas iniciativas de energia geotérmica.
- **Intensidade do capital e incerteza:**
  Os projectos geotérmicos enfrentam intensidade de capital e incerteza, exigindo investimentos iniciais significativos e acordos de financiamento complexos

influenciados pela dinâmica do mercado e pelos incentivos políticos.

- **Custos elevados das instalações de superfície:**
  Os custos substanciais das instalações de superfície e dos sistemas de conversão de energia contribuem significativamente para as despesas globais dos projectos geotérmicos, tornando-os menos competitivos em comparação com outras alternativas de energias renováveis.
- **Restrições geológicas:**
  Os condicionalismos geológicos complicam ainda mais o processo de desenvolvimento, limitando a disponibilidade de sítios geotérmicos adequados.
- **Obstáculos tecnológicos:**
  Os obstáculos tecnológicos, incluindo os elevados custos de exploração e os riscos de investimento, impedem o progresso dos projectos geotérmicos e exigem soluções inovadoras para a sua resolução.
- **Obstáculos ao mercado:**
  Os obstáculos ao mercado, tais como quadros regulamentares inadequados e desafios de financiamento, impedem o crescimento e a viabilidade comercial da energia geotérmica.
- **Desafios em matéria de recursos humanos:**
  Os desafios relacionados com os recursos humanos, como a escassez de peritos e a complexidade operacional, exigem investimentos em formação e iniciativas de reforço das capacidades.
- **Potencial da energia geotérmica:**
  Apesar destes desafios, a energia geotérmica oferece potencial como uma fonte de eletricidade fiável e contínua. A resolução dos principais obstáculos, como o custo, a complexidade e o risco, é crucial para a plena realização dos seus benefícios e para acelerar a sua adoção como uma solução energética sustentável [177-179].

CAPÍTULO 6: ENERGIA DAS MARÉS E DAS ONDAS

Estão a ser explorados vários tipos de energia dos oceanos, como a energia das correntes oceânicas, das marés, das ondas, eólica offshore e térmica, para extração. Embora a energia das marés ainda esteja em desenvolvimento, prevê-se que venha a desempenhar um papel importante na futura produção de eletricidade renovável. Historicamente, a energia das marés tem sido utilizada desde o tempo dos romanos em rios como o Tigre, o Tibete e o Eufrates. A energia das marés, influenciada pela força gravitacional do Sol, da Terra e da Lua, pode ser uma fonte fiável se forem implementados sistemas economicamente viáveis. O recente enfoque nas energias renováveis deu destaque à energia das marés devido à sua previsibilidade, elevada densidade energética, velocidades de fluxo estáveis e impacto visual mínimo. A investigação sobre tecnologias de energia dos oceanos é especialmente importante em regiões com longas linhas costeiras, como a Ásia e a África. A Índia, com os seus 7000 km de costa, tem estado a investigar a energia dos oceanos desde os anos 80, embora sejam ainda necessários progressos significativos. A energia das marés pode ser captada através de barragens que regulam o fluxo de água através de turbinas ou de turbinas de correntes de maré (TST) que aproveitam as correntes de água. Este artigo analisa as actuais tecnologias de conversão da energia das marés e introduz uma nova escala para classificar o potencial da energia das marés com base na velocidade e no alcance. Esta classificação ajuda a identificar e a dar prioridade a locais adequados para projectos de energia das marés, oferecendo orientação a engenheiros e decisores sobre a seleção de tecnologias e oportunidades de investimento [180-183].

Marés-

As marés são o movimento periódico das águas do mar causado pelas forças gravitacionais entre corpos celestes, principalmente a lua e o sol. Estas forças geram ondas de período muito longo que viajam através dos oceanos, levando à subida e descida regular da superfície do mar, conhecida como amplitude das marés. O movimento vertical da água é designado por maré, enquanto o fluxo horizontal é designado por corrente de maré. A lua é a principal força geradora de marés, com o sol a contribuir com 46% do efeito devido à sua maior distância. As forças gravitacionais combinadas da lua e do sol, juntamente com a rotação da Terra, fazem com que o nível do mar suba (maré alta) e desça (maré baixa) duas vezes num dia lunar na maioria dos locais. Durante o alinhamento da Terra, da Lua e do Sol, a sua força gravitacional combinada produz marés altas mais altas e marés baixas mais baixas, conhecidas como marés de primavera, que ocorrem durante as fases de lua cheia ou nova. Por outro lado, quando as forças gravitacionais da Lua e do Sol se opõem, a diferença entre as marés alta e baixa é reduzida, resultando em marés mortas, que ocorrem durante a fase de quarto de lua.

Energia das marés

As marés, impulsionadas pelas forças gravitacionais entre a Terra, o Sol e a Lua, são uma ocorrência previsível e regular. Esta interação cria ondas de longo período que provocam a subida e descida do nível do mar, conhecida como amplitude das marés. A energia das marés aproveita este movimento utilizando geradores especialmente concebidos em locais adequados para produzir eletricidade e outras formas de energia. A energia das marés é vantajosa devido à sua previsibilidade, elevada densidade energética e impacto visual mínimo. É mais potente e consistente do que a energia eólica ou solar, o que a torna uma fonte renovável promissora. No entanto, enfrenta desafios em termos de viabilidade comercial e de impacto ambiental. No século XX, foram desenvolvidos métodos para gerar eletricidade a partir dos movimentos das marés em zonas com amplitudes de marés significativas. Apesar disso, a produção de energia das marés ainda está numa fase inicial, com apenas algumas centrais de dimensão comercial em funcionamento em todo o mundo. A maior instalação é a central eléctrica de marés de Sihwa Lake, na Coreia do Sul. Países como a China, França, Inglaterra, Canadá e Rússia têm mais potencial para a energia das marés do que os Estados Unidos, onde as questões legais e ambientais impedem o seu desenvolvimento. Os engenheiros estão a trabalhar no sentido de aperfeiçoar a tecnologia da energia das marés para melhorar a eficiência, reduzir o impacto ambiental e alcançar a viabilidade comercial. A energia das marés é considerada inesgotável e menos suscetível às alterações climáticas. Estudos sugerem que países como o Reino Unido poderiam produzir mais de 20% da sua eletricidade a partir de recursos maremotrizes. No entanto, é essencial equilibrar a extração de energia com uma perturbação mínima dos fenómenos naturais. Na Índia, regiões como o Golfo de Kutch, o Golfo de Khambhat e Sundarbans foram identificadas como locais promissores para a produção de energia das marés. Apesar do potencial e da investigação em curso, a energia das marés na Índia continua subdesenvolvida e requer uma avaliação mais aprofundada e avanços tecnológicos [183-188].

Como funciona a energia das marés?

As duas principais abordagens centram-se na energia das marés.

- **Método da energia** potencial - O método da energia potencial consiste em reter grandes quantidades de água do mar atrás de barragens em estuários durante as marés altas e depois utilizar a água armazenada para fazer girar as turbinas quando é libertada durante as marés baixas. Este método baseia-se na diferença de níveis de água (amplitude das marés) para gerar energia.
- **Método da energia cinética -** O método da energia cinética capta a energia cinética da água em movimento, à semelhança do aproveitamento da energia eólica. As turbinas são colocadas em correntes de maré onde a água em movimento as faz girar para gerar eletricidade.

Os dispositivos utilizados para a produção de energia das marés são classificados em três tipos principais pelo ISSC (2006):

- Barragens de maré, que são estruturas construídas ao longo de estuários com comportas que controlam o fluxo de água e geram energia durante as mudanças de maré;
- Cercas de maré, que bloqueiam as passagens e extraem energia dos fluxos de maré numa ou em ambas as direcções;
- Dispositivos de correntes de maré, que são fixos ou ancorados em correntes de

maré para aproveitar a energia da água em movimento [189-192].

Barragem de marés - As barragens de marés são grandes estruturas construídas na foz dos estuários para aproveitar a energia das marés. Incluem comportas que regulam o fluxo de água para dentro e para fora da bacia, retendo a água durante as marés altas e libertando-a durante as marés baixas para acionar turbinas. Este método gera eletricidade de forma fiável, utilizando a força do fluxo de água para fazer girar turbinas ou empurrar ar através de tubos. Um exemplo notável é a central maremotriz de La Rance, em França, a primeira e a segunda maior central maremotriz do mundo, que também serve de autoestrada. Apesar da sua elevada eficiência teórica, o método da barragem só foi aplicado em grande escala uma vez. As barragens de marés ajudam a reduzir as emissões de gases com efeito de estufa em comparação com os combustíveis fósseis, proporcionando benefícios ambientais. Os vários métodos de extração de energia com recurso a barragens de marés incluem a geração de vazante (utiliza comportas para permitir que a água encha uma bacia até ao seu nível normal, que são depois fechadas na maré alta), a geração de inundação, a geração de vazante e inundação, a bombagem e os esquemas de duas bacias. Embora as barragens de marés sejam a abordagem comercial mais prevalecente, existem outros dispositivos como as vedações de marés e as lagoas, mas ainda não foram escalados comercialmente. A principal turbina utilizada nas barragens é a turbina de bolbo, existindo também alternativas como as turbinas de aro, tubulares e Davies [191].

Turbina de Tindal - As turbinas de maré, semelhantes às turbinas eólicas mas localizadas debaixo de água, utilizam os movimentos das marés para fazer girar as pás ligadas a um gerador, produzindo eletricidade. São frequentemente colocadas muito próximas umas das outras no fundo do mar em zonas com forte fluxo de marés para gerar grandes quantidades de energia. Devido ao facto de a água ser muito mais densa do que o ar, as turbinas de marés têm de ser significativamente mais robustas e pesadas do que as turbinas eólicas.

Vedações **de** marés - As vedações de marés são um híbrido entre as barragens de marés e as turbinas de marés. Consistem em múltiplas turbinas de eixo vertical montadas numa única estrutura chamada "vedação". A água que passa através da vedação faz girar as turbinas, gerando eletricidade. As vedações de marés são frequentemente utilizadas em canais entre massas de terra e têm um menor impacto ambiental do que outras formas de produção de energia das marés, uma vez que não requerem a inundação de uma bacia e são mais baratas de instalar devido à reduzida utilização de betão e aço.

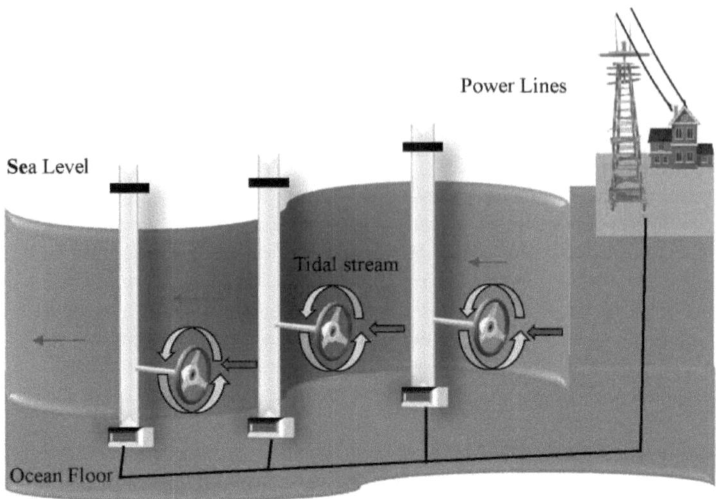

Figura:19 A figura acima Energia das marés

Dispositivos de energia das marés - Existem vários tipos de dispositivos de energia das marés

Turbinas de marés de eixo horizontal (HATT) - Assemelham-se às turbinas eólicas, mas funcionam debaixo de água. São concebidas para enfrentar as correntes de maré e são o tipo mais comum de turbina de maré.

Turbinas de marés de eixo vertical (VATT) - Giram em torno de um eixo vertical e podem funcionar com correntes de qualquer direção.

Dispositivos de hidrofólio oscilante - Utilizam o movimento da água para fazer oscilar um hidrofólio, gerando eletricidade através de um sistema hidráulico.

Dispositivos de parafuso de Arquimedes - Apresentam uma forma de parafuso helicoidal que roda à medida que a água passa através dele, gerando energia.

Dispositivos de papagaios de maré - Dispositivos com asas amarrados debaixo de água, que se movem em forma de "8" para aproveitar as correntes de maré.

A energia das marés é uma fonte de energia renovável, fiável e previsível, aproveitada a partir da subida e descida naturais dos níveis de água dos oceanos devido às forças gravitacionais. Embora as barragens de marés tenham uma elevada eficiência teórica e um potencial significativo, as tecnologias de correntes de marés estão a emergir como uma alternativa viável devido ao seu menor impacto ambiental e custo. Ambos os métodos têm as suas próprias vantagens e desvantagens, pelo que a escolha da tecnologia depende do local e das condições específicas [193-196].

Vantagens e desvantagens da energia das marés

Vantagens da energia das marés

1. Capacidade significativa de produção de energia limpa.
2. Elevada concentração de energia.
3. Poucas despesas de manutenção contínua.
4. Fornece eletricidade sustentável a longo prazo.
5. As marés são previsíveis.
6. Manutenção económica.
7. Fiável e renovável.
8. Taxa de eficiência de 80%, superior à da energia solar e eólica.
9. Reduz as emissões de gases com efeito de estufa.
10. As turbinas de eixo vertical e offshore são rentáveis e têm um impacto ambiental mínimo.
11. As barragens ajudam a proteger a terra dos danos causados por marés vivas.

Desvantagens da energia **das marés**

1. Elevados custos de construção e instalação.
2. Perturbação da migração dos animais marinhos e das rotas de navegação pelas barragens.
3. As turbinas podem afetar até 15% dos peixes da zona.
4. Potencial para inundações e alterações ecológicas devido à construção.
5. Fases iniciais da investigação e do desenvolvimento tecnológico.
6. São necessárias condições geográficas e topográficas específicas, o que limita a escalabilidade.
7. Limitação da produção de eletricidade a cerca de 10 horas por dia, em função dos movimentos das marés.
8. Investimentos necessários para o transporte de energia do litoral para o interior.
9. Medidas anti-corrosão necessárias para resistir aos efeitos da água do mar.
10. Acumulação de sedimentos atrás das barragens.
11. Impacto negativo na vida selvagem local.
12. Limitação dos locais adequados para a construção de barragens.
13. Perturbação das rotas migratórias oceânicas.
14. Sedimentação devido à estagnação da água.

ENERGIA DAS ONDAS

A energia das ondas, um tipo de energia hidroelétrica, converte a energia das ondas do mar em eletricidade utilizando tecnologias como conversores de energia das ondas, dispositivos flutuantes e estruturas montadas no fundo. Estes sistemas captam o movimento das ondas e transformam-no em energia mecânica, que é depois convertida em eletricidade. Como fonte de energia renovável, a energia das ondas oferece várias vantagens. É consistente e previsível, uma vez que as ondas do mar são geradas pelo vento, pelo sol e pela lua, que são constantes e fiáveis. Além disso, a energia das ondas não produz gases com efeito de estufa ou poluentes, o que a torna uma fonte de energia limpa e sustentável. No entanto, o desenvolvimento da energia das ondas como uma fonte de energia viável apresenta desafios. Os custos elevados e o ambiente marinho agressivo colocam dificuldades significativas à conceção, instalação e manutenção dos sistemas de energia das ondas. Apesar do seu elevado potencial e da atenção significativa que tem recebido, a tecnologia da energia das ondas está ainda na sua fase inicial e requer conversores robustos para resistir às condições do oceano. Em 1999, o Conselho Mundial da Energia estimou o potencial global da energia das ondas em cerca de 2 terawatts, o suficiente para satisfazer as necessidades mundiais de eletricidade, mas é necessário resolver os problemas e obstáculos técnicos para aproveitar eficazmente este potencial. A energia dos oceanos, incluindo a energia das marés, a energia das ondas e a conversão da energia térmica dos oceanos, é um recurso renovável vasto, mas subutilizado, com a maior densidade energética entre as energias renováveis. O potencial global de energia das ondas oceânicas é superior a 2 terawatts, com uma contribuição económica de cerca de 2.000 TWh/ano, comparável à capacidade de produção nuclear ou hidroelétrica, podendo deslocar até 2 mil milhões de toneladas de emissões de CO_2 por ano. A energia das ondas tem múltiplas utilizações, incluindo a produção de eletricidade, a dessalinização, a bombagem de água para irrigação, a alimentação de processos industriais e a redução da utilização de combustíveis fósseis nos transportes marítimos. Os países que lideram o desenvolvimento da energia das ondas incluem a Escócia, onde se situa o Centro Europeu de Energia Marinha; Portugal, com vários parques de ondas comerciais e projectos de investigação; a Irlanda, com vários projectos de energia das ondas; e a Espanha, que está a explorar e a implantar ativamente tecnologias de energia das ondas apoiadas por incentivos e subsídios governamentais. Prevê-se que as potenciais utilizações da energia das ondas se expandam à medida que a tecnologia avança e se torna mais competitiva em termos de custos. O potencial teórico anual de energia das ondas ao longo da costa do Reino Unido está estimado em 2,64 biliões de quilowatts-hora, o que realça o imenso recurso inexplorado sob a superfície do oceano. Ao contrário de outras fontes renováveis, as ondas do mar seguem padrões consistentes e previsíveis, proporcionando uma fonte de eletricidade estável e fiável, crucial para a estabilidade da rede e o planeamento energético [197-201].

Energia das Ondas - As ondas são geradas principalmente pelo vento. Estas ondas impulsionadas pelo vento, também conhecidas como ondas de superfície, resultam da fricção entre o vento e a água à superfície. À medida que o vento se desloca sobre o oceano ou um lago, perturba continuamente a água, formando cristas de onda. Em geral, uma onda é definida como uma perturbação que se move através de um meio de um ponto para outro. A energia das ondas envolve a transferência de energia através das ondas da superfície do oceano. A energia das ondas, ou energia das ondas, envolve a captura de energia das ondas da superfície do oceano para fins como a produção de eletricidade, dessalinização de água e bombagem de água. Considerada o maior recurso energético dos oceanos, a energia das ondas é gerada quando o vento transfere a sua energia para a superfície da água. A produção de energia depende da altura, velocidade, comprimento de onda e densidade da água, sendo que as ondas mais fortes produzem mais eletricidade. Apesar do seu potencial, as centrais de produção de energia das ondas são poucas devido à complexidade do aproveitamento desta energia. Os conversores de energia das ondas (WEC) transformam o movimento das ondas em energia mecânica, que depois alimenta os geradores para produzir eletricidade. Os WEC podem ser instalados em três locais principais: em terra, perto da costa e ao largo da costa.

- As instalações em terra situam-se em zonas costeiras com profundidades de água de 10-15 metros.
- As instalações próximas da costa situam-se em águas pouco profundas, com profundidades de 15-25 metros.
- As instalações off-shore situam-se em águas profundas sem limitações naturais de profundidade, excedendo normalmente os 50 metros [202-204].

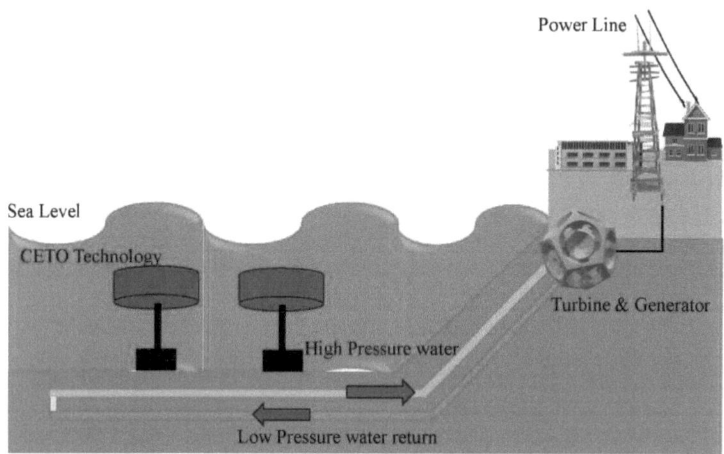

Figura:20 A figura acima sobre a energia das ondas (Esta figura baseia-se na tecnologia de energia das ondas CETO [224])

Classificação dos conversores de energia das ondas

1. **Coluna de água oscilante (OWC) -**

   Os dispositivos de coluna de água oscilante (CAO) captam a energia das ondas comprimindo o ar numa câmara, que é depois forçado através de uma turbina de ar para produzir eletricidade. Quando a água se retira da câmara, um vácuo puxa o ar de volta através da turbina. Estes dispositivos podem ser instalados tanto em terra como em alto mar e apresentam uma câmara semi-submersa com uma abertura para o mar abaixo, criando uma bolsa de ar acima de uma coluna de água. O movimento das ondas faz com que a coluna de água oscile como um pistão, empurrando o ar através de um sistema de tomada de força (PTO) que normalmente inclui uma turbina bidirecional. Esta turbina mantém uma direção de rotação consistente, independentemente da direção do fluxo de ar. Os sistemas de CAO estão implantados em vários países, como a Escócia, Austrália, Japão, Índia, China e Portugal, e são considerados fontes de energia renováveis promissoras com um impacto ambiental mínimo.

a) **Piloto da Europa Central Pico (Açores)-**
Situada numa zona rica em energia das ondas, esta estrutura tem uma parede frontal inclinada e uma potência instalada de 400 kW.
b) **Transmissor de energia marítima instalado em terra (LIMPET)-**
Desenvolvida na Escócia, esta central de 500 kW pode alimentar até 400 casas e está situada de forma a aproveitar cerca de 20 kW por metro de frente de onda.
c) **Baleia** Poderosa-
Um dispositivo japonês flutuante OWC com três câmaras de ar, cada uma ligada a uma turbina Wells, com uma potência nominal total de 110 kW.
d) Energetech-
Uma empresa australiana que utiliza uma parede parabólica para concentrar a energia das ondas numa câmara OWC, com uma central de 300 kW instalada em Port Kembla [205-210].
Outras tecnologias de conversão da energia das ondas incluem:

2. Dispositivos **de corpo oscilante-**
Os absorvedores de pontos submersos geram eletricidade utilizando a diferença de pressão entre os picos e os vales das ondas. Os corpos oscilantes, que incluem dispositivos como o Pelamis, o Oyster, o Sea-Ray e o Power Buoy, captam a energia cinética das ondas através de movimentos de oscilação, de balanço ou de rotação. Esta energia cinética é depois convertida em energia eléctrica através de sistemas de tomada de força (PTO). Estes dispositivos utilizam diferentes movimentos das ondas, tais como a ondulação, a inclinação e a agitação, para captar energia. A OPT Power Buoy é um exemplo notável de um absorvedor pontual, e tecnologias semelhantes estão a ser desenvolvidas e testadas por organizações como a Columbia Power Technologies com o apoio de entidades como a Marinha dos EUA.

a) **Pelamis-**
Dispositivo offshore constituído por cilindros ligados que geram eletricidade através do movimento das articulações, com uma potência nominal de 750 kW.
b) **Balanço da onda de Arquimedes (AWS)-**
Um absorvedor pontual instalado no fundo do mar com um protótipo de 2 MW.
c) **WaveRoller-**
Um dispositivo próximo da costa com uma placa que aproveita a energia das ondas, gerando 10 a 15 kW.
d) **Ostra:**
Um conversor de energia das ondas próximo da costa que utiliza um flap para bombear água para uma turbina em terra [211-215].

3. **Dispositivos de transbordo:**

Os dispositivos de transbordo funcionam captando a água do mar num reservatório posicionado acima do nível do mar, libertando-a depois através de turbinas para produzir eletricidade. As ondas são direcionadas para o reservatório através de uma rampa inclinada. Estes sistemas podem ser implementados quer em terra, como configurações em terra, como o Tapered Channel (TAPCHAN), quer em alto mar, como estruturas flutuantes, como o WaveDragon. Além disso, alguns dispositivos de galgamento utilizam colectores para concentrar a energia das ondas antes de canalizar a água através de turbinas convencionais de baixa altura.

a) **Canal cónico (TAPCHAN)-**
Dispositivos em terra que dirigem a água para um reservatório para gerar eletricidade utilizando turbinas Kaplan.

b) **WaveDragon-**
Dispositivos offshore que utilizam reflectores para dirigir as ondas sobre uma rampa para um reservatório, a partir do qual a água flui através de turbinas (211-216).

A conversão da energia das ondas enfrenta desafios como a eficiência da conversão de energia, a durabilidade face a tempestades e à corrosão pela água salgada e os custos elevados. O maior potencial de energia das ondas encontra-se em regiões como o Oceano Atlântico a sudoeste da Irlanda e o Oceano Austral [217-219].

Vantagens, desvantagens e desafios da energia das ondas

Vantagens da energia das ondas

1. **Zero Emissões-**
A energia das ondas gera eletricidade sem emitir gases com efeito de estufa, ao contrário dos combustíveis fósseis, o que a torna uma fonte de energia renovável sem poluição.
2. **Renováveis**
A energia das ondas baseia-se em ondas geradas pelo vento, impulsionadas pelo calor do sol e pela atração gravitacional da lua, o que a torna uma fonte de energia contínua e renovável.
3. **Enorme potencial energético-**
A energia cinética das ondas é substancial. Uma onda típica pode gerar uma potência significativa por quilómetro de costa, proporcionando uma fonte de energia constante para muitos países com acesso ao oceano.
4. **Fonte de energia fiável**
As ondas estão sempre em movimento, o que torna a energia das ondas mais fiável do que a energia eólica, que pode ser intermitente. Embora existam variações sazonais, as ondas são geralmente mais activas no inverno devido ao aumento do vento.
5. **Fonte de energia previsível**
Os padrões das ondas são regulares e podem ser previstos com exatidão, o que torna a energia das ondas altamente previsível em comparação com outras

fontes renováveis como a eólica e a solar.

6. **Produção eficiente de energia**
   As ondas têm uma elevada densidade energética, permitindo a produção de eletricidade significativa a partir de uma pequena área. Por exemplo, uma pequena área oceânica pode produzir energia suficiente para abastecer milhares de casas.
7. **Baixos custos de operação**
   Após o investimento inicial, a energia das ondas tem baixos custos operacionais, uma vez que se baseia no movimento natural das ondas sem necessitar da extração contínua de recursos.
8. **Impacto visual mínimo**
   Os dispositivos de energia das ondas estão maioritariamente submersos, reduzindo o impacto visual e preservando o ambiente costeiro natural.
9. **Pode ser construído em offshore**
   Os dispositivos de energia das ondas podem ser instalados ao largo, minimizando os conflitos com as actividades recreativas e de pesca perto das linhas costeiras.
10. **Sem custos de combustível**
    A energia das ondas não necessita de combustível, eliminando a necessidade de extração, transporte e processamento de combustíveis fósseis, fornecendo assim energia limpa.
11. **Preços de eletricidade estáveis**
    A energia das ondas oferece preços de eletricidade estáveis, uma vez que não é afetada pela volatilidade dos preços dos combustíveis fósseis.
12. **Vantagem de tamanho**
    Os sistemas de energia das ondas podem ser adaptados para satisfazer as necessidades locais de eletricidade, permitindo instalações de várias dimensões em função das necessidades locais.
13. **Múltiplas utilizações e versatilidade**
    A energia das ondas pode ser utilizada para dessalinização, irrigação agrícola, transporte marítimo, processos industriais como a produção de hidrogénio e instalações recreativas, o que aumenta a sua versatilidade.
14. **Criação de emprego**
    O desenvolvimento e a implementação de projectos de energia das ondas criam postos de trabalho nos sectores da engenharia, construção, fabrico e manutenção, impulsionando a economia.

A energia das ondas oferece inúmeras vantagens, incluindo o facto de ser uma fonte de energia com emissões zero, renovável, fiável e previsível, com um potencial significativo para a produção global de eletricidade. Tem também baixos custos operacionais, um impacto visual mínimo e aplicações versáteis, contribuindo para a criação de emprego e o crescimento económico.

Desvantagens da energia das ondas

1. **Custos iniciais elevados**
   O desenvolvimento e a implementação de projectos de energia das ondas são dispendiosos, sobretudo nas fases iniciais. Isto faz com que seja difícil para estes projectos competir com fontes de energia mais estabelecidas, como os combustíveis fósseis. No entanto, à medida que a tecnologia melhora e a procura aumenta, espera-se que os custos diminuam.
2. **Dificuldades Técnicas-**
   O aproveitamento da energia dos oceanos apresenta desafios técnicos devido à necessidade de sistemas de conversão de energia fiáveis e à integração da energia das ondas na rede eléctrica. As flutuações na intensidade e direção das ondas, juntamente com condições meteorológicas extremas, complicam a conversão consistente da energia.
3. **Manutenção e efeitos climáticos-**
   Os sistemas de energia das ondas estão expostos a condições oceânicas adversas, provocando danos ou corrosão devido à água salgada do mar. É necessária uma manutenção regular, que pode ser dispendiosa e demorada. As condições climatéricas extremas podem também danificar o equipamento e reduzir a eficiência energética.
4. **Impactos na vida marinha**
   Embora a energia das ondas tenha um impacto ambiental menor do que outras fontes de energia, pode ainda assim afetar negativamente os ecossistemas marinhos se não for gerida de forma adequada. A vida marinha pode ser prejudicada ou deslocada pela construção e funcionamento dos dispositivos de energia das ondas.
5. **Limitações geográficas-**
   A energia das ondas só é viável em regiões costeiras específicas com ondas fortes. Factores como a profundidade da água, a acessibilidade costeira, as restrições ambientais e a conetividade da rede limitam a sua utilização. Os locais remotos podem também não ter redes eléctricas próximas, o que restringe ainda mais a sua utilização.
6. **Fonte de energia intermitente**
   As ondas não são constantes, o que faz da energia das ondas uma fonte de energia intermitente que requer energia de reserva para garantir um fornecimento estável de eletricidade.
7. **Redução da utilização do mar**
   A presença de parques de energia das ondas pode reduzir a dimensão dos canais de navegação e limitar as oportunidades de recreio e pesca.
8. **Poucos projectos implementados-**
   Atualmente, apenas alguns projectos de energia das ondas foram construídos a nível mundial. É necessária mais investigação e tempo para compreender o tempo de vida, os custos e os impactos destes dispositivos.
9. **Poluição sonora**
   Os dispositivos de energia das ondas podem ser ruidosos, podendo perturbar

tanto a vida humana como a vida marinha nas proximidades das instalações.

10. **Melhorias tecnológicas lentas-**
    Apesar de estar em desenvolvimento desde 1700, a tecnologia da energia das ondas continua a ser incipiente. As tecnologias de energias renováveis concorrentes, como a eólica e a solar, têm recebido mais investimento devido aos custos mais baixos e às infra-estruturas estabelecidas.
11. **Difícil de transmitir a energia das ondas**
    O transporte da eletricidade gerada pelas ondas do mar a longas distâncias para as zonas de consumo no interior do país é um desafio. As linhas de transmissão de longa distância, a gestão da qualidade da energia, a integração na rede e os custos elevados constituem obstáculos significativos.
12. **Impactos Visuais-**
    Os dispositivos de energia das ondas, especialmente os que se encontram ao largo, podem ser inestéticos e interferir com as vistas do oceano, afectando o interesse estético das zonas costeiras.

Desafio da energia das ondas

Desafios económicos

- **Elevados custos de instalação e manutenção**
  A instalação e a manutenção de sistemas de energia das ondas exigem um investimento de capital significativo devido ao ambiente marinho agressivo. Isto requer equipamento especializado e pessoal qualificado, aumentando ainda mais os custos operacionais.
- **Custos computacionais para otimização**
  A otimização dos sistemas de energia das ondas envolve elevados custos computacionais.
  São necessários algoritmos avançados e um poder de processamento significativo para lidar com tarefas de otimização complexas, o que leva a tempos de execução longos e a custos mais elevados.
- **Falta de dados fiáveis**
  A falta de dados abrangentes sobre o desempenho, as taxas de falha, as potências nominais e os custos impede o desenvolvimento e a otimização dos sistemas de energia das ondas, aumentando o risco financeiro e a incerteza para os investidores.

Impacto social

- **Perturbação dos habitats marinhos-**
  Os dispositivos de energia das ondas podem perturbar os habitats e os comportamentos marinhos, afectando os mamíferos marinhos e outras espécies. Estas estruturas podem causar colisões ou emaranhamentos e alterar os padrões de migração.
- **Alteração dos padrões de migração-**
  A instalação de sistemas de energia das ondas pode levar as espécies

marinhas a alterar as suas rotas de migração, afectando os seus comportamentos naturais e os ecossistemas.

Impacto ambiental

- **Campos electromagnéticos-**
  Os campos electromagnéticos gerados pelas instalações de energia das ondas podem interferir com a alimentação e a orientação das espécies marinhas, afectando potencialmente a sua sobrevivência e sucesso reprodutivo.

Alterações nas caraterísticas das ondas-

A interação entre as ondas e os dispositivos de captação de energia pode alterar o movimento dos sedimentos, as correntes oceânicas e a estrutura global da coluna de água, o que pode afetar os ecossistemas costeiros e marinhos.

Apesar destes desafios económicos, sociais e ambientais, a energia das ondas continua a ser uma fonte de energia renovável promissora. Os avanços tecnológicos, a investigação em curso e a implementação responsável serão essenciais para ultrapassar estes obstáculos e libertar todo o potencial da energia das ondas para um futuro sustentável [220-223].

CAPÍTULO 7: TECNOLOGIAS EMERGENTES

As tecnologias emergentes estão na vanguarda da inovação no atual panorama digital em rápida mutação. Tecnologias como a inteligência artificial, a aprendizagem automática, a cadeia de blocos e a Internet das Coisas estão a transformar as indústrias a nível mundial. Ao manterem-se actualizadas e adoptarem estas tecnologias, as empresas podem obter uma vantagem competitiva e garantir o sucesso a longo prazo. Para startups e empresas de desenvolvimento de software, a Aloa é uma plataforma revolucionária. Com a sua extensa base de conhecimentos e ambiente colaborativo, a Aloa ajuda as empresas em fase de arranque a aproveitar eficazmente as tecnologias emergentes. Ao compreender as necessidades e objectivos únicos de cada startup, a Aloa oferece orientação e apoio no desenvolvimento de soluções de software inovadoras. Desde o conceito inicial até a implementação final, a Aloa garante que as empresas tenham as tecnologias certas para prosperar no dinâmico cenário digital. As tecnologias emergentes englobam avanços inovadores na vanguarda do desenvolvimento, como a IA e a computação quântica. Têm o potencial de remodelar as indústrias e melhorar as nossas vidas, oferecendo possibilidades interessantes e impactos transformadores em vários sectores. Estas tecnologias disruptivas abrangem uma vasta gama de domínios, incluindo a IA, a IdC, a realidade virtual e a automatização, revolucionando a forma como interagimos com o mundo, desde a comunicação por correio eletrónico até à robótica no fabrico. O rápido desenvolvimento e a inovação nas tecnologias emergentes podem ser atribuídos a vários factores, incluindo a colaboração e a partilha de conhecimentos entre indústrias. Plataformas como o LinkedIn facilitam a troca de ideias e conhecimentos, acelerando a inovação. À medida que os avanços tecnológicos continuam, é crucial que as empresas, organizações e indivíduos se mantenham informados sobre as últimas tendências e adoptem estas tecnologias transformadoras para terem sucesso na era digital. As tecnologias emergentes ultrapassam a perceção humana na deteção de padrões com uma precisão superior, transformando potencialmente a forma como as empresas e as indústrias funcionam. Estas inovações oferecem maior poder do que os avanços tecnológicos actuais, fornecendo soluções para a indústria através da análise de tendências e da validação de pontos de prova através de MVPs. Posicionadas na vanguarda do percurso de transformação digital de qualquer organização, as tecnologias emergentes caracterizam-se pela novidade radical, crescimento rápido e coerência. No entanto, o seu impacto dinâmico e a sua ambiguidade acarretam riscos desconhecidos relacionados com a viabilidade, a procura do mercado e questões regulamentares. Por conseguinte, a implementação destas tecnologias exige uma profunda especialização em engenharia e no sector. As tecnologias emergentes têm sido amplamente debatidas na investigação académica e nos debates políticos. A atenção crescente a estas tecnologias é evidente no número crescente de publicações e artigos noticiosos. Apesar disso, não há consenso sobre o que qualifica uma tecnologia como emergente. As definições sobrepõem-se, apontando para caraterísticas como o potencial impacto económico e social, a incerteza do processo de emergência e a novidade e o crescimento. Alguns vêem uma tecnologia como emergente devido à sua novidade e ao impacto socioeconómico esperado, enquanto outros a vêem como uma extensão natural de uma tecnologia existente. A falta de consenso sobre as definições é acompanhada por uma abordagem eclética e ad hoc da medição. Foram desenvolvidas várias abordagens metodológicas, especialmente pela comunidade cientométrica, para detetar e analisar a emergência na ciência e na tecnologia. Estes métodos tiram partido do crescente poder computacional e de novos conjuntos de dados de grande dimensão, permitindo indicadores e modelos mais sofisticados. No entanto, carecem frequentemente de ligações fortes a conceitos bem pensados, um princípio básico de uma boa conceção da investigação. Consequentemente, as abordagens para detetar e analisar a emergência variam muito, mesmo com a utilização de métodos semelhantes. As tecnologias emergentes tornaram-se centrais nos debates académicos e nas discussões políticas. Embora exista um acordo geral sobre a definição de ET específicas, o seu impacto na educação, na economia e na sociedade é particularmente realçado. Os investigadores centram-se nas propriedades genéricas das TE, na sua natureza inovadora e na sua evolução contínua. As perspectivas sobre os ET variam, destacando as suas caraterísticas, os impactos socioeconómicos ou o seu papel como extensões das tecnologias existentes. Esta diversidade de áreas de investigação contribui para a falta de consenso. Os ETs no domínio digital apresentam novos desafios jurídicos relacionados com a propriedade intelectual, com exemplos que incluem a nanotecnologia, a biologia sintética, a edição genética, os grandes volumes de dados e os veículos autónomos. Estas tecnologias podem alterar práticas estabelecidas, atraindo a atenção dos sistemas de inovação. Os governos estão interessados nas tecnologias tecnológicas para manter a competitividade e abordar questões sociais, levando a apelos a novos mecanismos de governação no âmbito da "inovação responsável". As empresas também investem estrategicamente em ETs para obter vantagens competitivas. A cienciometria tem por objetivo definir e analisar as tecnologias da informação na ciência e na tecnologia. Os ETs são vistos como inovações que criam ou transformam indústrias e que se espera que se desenvolvam significativamente nos próximos cinco a dez anos, com impacto nos ambientes financeiros e sociais. Embora qualquer nova tecnologia possa parecer "emergente", o seu estatuto pode depender de vários factores, como a sua área de aplicação e o seu impacto geográfico. Os académicos têm-se concentrado na definição das tecnologias emergentes e dos seus atributos e em métodos sistemáticos de avaliação tecnológica. A relação entre a emergência tecnológica e o impacto científico é explorada através de métodos bibliométricos, com resultados díspares sobre se as tecnologias emergentes influenciam significativamente a investigação futura. Os estudos sublinham a necessidade de equilibrar a novidade e a convencionalidade na investigação para obter um forte impacto científico [224-232].

Exemplos de tecnologias emergentes

A tecnologia está a evoluir rapidamente, levando à criação de novos sectores e a impactos significativos nos já existentes. Manter-se atualizado sobre as tecnologias emergentes é crucial para que as empresas possam fornecer soluções de software personalizadas e adaptadas às necessidades dos clientes. Eis algumas tecnologias emergentes como. Conversão de energia térmica dos oceanos, biocombustível de algas, piezoeletricidade ou outras e as suas implicações para o desenvolvimento de aplicações:

Conversão da energia térmica dos oceanos

A Conversão de Energia Térmica dos Oceanos (OTEC) é uma tecnologia inovadora de energia renovável que utiliza a diferença de temperatura entre a água quente da superfície e a água fria das profundezas do oceano para produzir eletricidade. Este método é muito apelativo porque fornece uma fonte de energia fiável e sustentável, aproveitando as vastas reservas de energia dos oceanos, que cobrem mais de 70% da superfície da Terra. A OTEC funciona através da utilização de águas superficiais quentes para aquecer um fluido de trabalho, frequentemente um líquido de baixo ponto de ebulição como o amoníaco, fazendo-o vaporizar e acionar uma turbina ligada a um gerador. O vapor é então condensado de volta à forma líquida usando água fria das profundezas do oceano, completando assim o ciclo. Embora os sistemas OTEC tenham uma eficiência baixa devido ao pequeno diferencial de temperatura, podem ainda assim gerar energia substancial e produzir subprodutos valiosos, como água dessalinizada e nutrientes para a agricultura marinha. O conceito de OTEC foi introduzido pela primeira vez por Jacques Arsene em 1881, com avanços significativos desde então, incluindo a construção de uma central de 50 kW no Japão na década de 1980 e uma central de 1 MW na Índia no início da década de 2000. Os esforços actuais centram-se na expansão da tecnologia para sistemas com capacidades de 25-30 MW. Para além da produção de energia renovável, a OTEC também apoia outras utilizações, como a climatização, a produção de algas marinhas e o cultivo de culturas temperadas em regiões tropicais. Distingue-se de outras tecnologias de energia renovável pelo seu elevado fator de capacidade (95%), o que a torna mais fiável do que a energia das marés, que tem um fator de capacidade de 20%. Em conclusão, a OTEC representa uma fonte de energia quase ilimitada e amiga do ambiente, aproveitando o gradiente térmico dos oceanos. A sua capacidade de gerar eletricidade de forma consistente e produzir subprodutos benéficos torna-a um elemento crucial das futuras estratégias de energias renováveis [233-242]. Os sistemas de conversão da energia térmica dos oceanos (OTEC) aproveitam a diferença de temperatura entre a água do mar quente à superfície e a água do mar fria e profunda para produzir eletricidade. Existem três concepções principais de OTEC: ciclo aberto, ciclo fechado e ciclo híbrido.

Ciclo aberto

Num sistema OTEC de ciclo aberto, a água do mar é utilizada como fluido de trabalho. A água do mar quente é bombeada para um evaporador instantâneo, onde a baixa pressão a faz ferver a 22°C, produzindo vapor. Este vapor acciona uma turbina de baixa pressão ligada a um gerador, produzindo eletricidade. Posteriormente, o vapor é condensado com água do mar fria, produzindo água dessalinizada. Os sistemas de ciclo aberto oferecem vantagens ao evitar a necessidade de permutadores de calor dispendiosos, mas requerem componentes de grandes dimensões para gerir elevados caudais de vapor. Ao contrário dos sistemas fechados, a OTEC de ciclo aberto utiliza diretamente a água quente da superfície para produzir eletricidade. A água do mar quente sofre uma queda no ponto de ebulição devido à queda de pressão numa câmara de baixa pressão, fazendo-a ferver e acionar a turbina. Uma das vantagens do ciclo aberto é a obtenção de água dessalinizada sob a forma de vapor, isenta de impurezas, adequada para vários fins, como a utilização doméstica, industrial ou agrícola.

Ciclo fechado-

Os sistemas de conversão de energia térmica oceânica (OTEC) de ciclo fechado utilizam um fluido de trabalho com um baixo ponto de ebulição, como o amoníaco, para alimentar turbinas e gerar eletricidade. A água do mar quente da superfície do oceano e a água fria das profundezas a 5o são utilizadas neste processo. A água do mar quente vaporiza o fluido num permutador de calor, accionando as turbinas do gerador. Posteriormente, o vapor é condensado de novo num líquido pela água fria, completando o ciclo. Este sistema de ciclo fechado recicla o fluido, o que o distingue dos sistemas de ciclo aberto. Os sistemas OTEC de ciclo fechado são mais eficientes e tecnicamente mais fáceis de gerir do que os de ciclo aberto, embora não produzam água dessalinizada.

Ciclo Híbrido-

Um sistema OTEC de ciclo híbrido integra caraterísticas de ambos os ciclos, aberto e fechado. Neste sistema, a água do mar quente é evaporada rapidamente e o vapor resultante é utilizado para vaporizar um fluido de trabalho. A eletricidade é gerada pela expansão do refrigerante vaporizado através de uma turbina. Adicionalmente, a água dessalinizada é produzida pela condensação do fluido vaporizado num permutador de calor. Vários fluidos de trabalho, tais como amoníaco, carbonos fluorados ou hidrocarbonetos, são utilizados em sistemas de ciclo híbrido, cada um oferecendo vantagens e desvantagens específicas. Esta combinação visa maximizar a eficiência enquanto produz eletricidade e água doce [243-245].

Situação mundial da OTEC

Apenas algumas centrais OTEC de dimensão comercial estão operacionais em todo o mundo, sendo a maior a central eléctrica de marés de Sihwa Lake, na Coreia do Sul. Países como a China, a França, a Inglaterra, o Canadá e a Rússia têm um potencial significativo para o desenvolvimento da OTEC, ao passo que as questões jurídicas e ambientais impedem o progresso nos Estados Unidos. Na Índia, os potenciais locais de implantação da OTEC incluem o Golfo de Kutch, o Golfo de Khambhat e Sundarbans. Apesar do seu potencial e da investigação em curso, a OTEC na Índia continua subdesenvolvida, exigindo uma avaliação mais aprofundada e avanços tecnológicos. Em resumo, os sistemas OTEC constituem uma fonte de energia renovável promissora, explorando o gradiente térmico do oceano. Cada projeto de OTEC tem as suas vantagens e desafios únicos, com os avanços em curso destinados a melhorar a sua viabilidade comercial e sustentabilidade ambiental.

Vantagens e desvantagens da OTEC-

Vantagens da OTEC-

1. A OTEC fornece energia contínua, renovável e livre de poluição, com variações diárias ou sazonais mínimas na produção, em comparação com outras formas de energia solar.

2. A extração de água do mar quente e fria e a sua devolução perto da termoclina pode ser conseguida com um impacto ambiental mínimo, tornando a OTEC uma opção energética sustentável.
3. A OTEC é considerada uma fonte de energia fiável devido à sua baixa variabilidade, garantindo uma produção de energia consistente mesmo em condições meteorológicas adversas, ao contrário da energia solar e eólica.
4. Contribuindo para a produção de energia limpa, a OTEC funciona sem carvão, gás natural ou outros combustíveis fósseis, alinhando-se com os objectivos futuros de muitas nações para uma produção de eletricidade mais limpa.
5. Uma vez instaladas, as instalações OTEC requerem uma manutenção mínima e são rentáveis, exigindo menos pessoal para funcionar, oferecendo assim uma solução energética sustentável e eficiente.
6. Localizadas na água, as centrais OTEC são independentes das condições climatéricas e à prova de furacões, baseando-se na diferença de temperatura entre a superfície do oceano e as águas profundas, em vez da energia solar ou eólica.
7. As instalações OTEC estão normalmente situadas longe de áreas povoadas, minimizando o impacto ambiental e contribuindo para um ar mais limpo ao não necessitarem de combustíveis fósseis para a sua produção.
8. Os tubos de água fria utilizados nas centrais OTEC melhoram a qualidade da água e proporcionam habitats para a vida marinha, melhorando o ambiente e apoiando as populações aquáticas.
9. A tecnologia de ciclo aberto da OTEC oferece um potencial de dessalinização eficaz, produzindo água mais pura do que a maioria das comunidades, adequada para irrigação em regiões tropicais.
10. Além disso, os tubos de água fria das centrais OTEC podem ser utilizados para ar condicionado e refrigeração, fornecendo soluções de arrefecimento para várias aplicações.
11. As centrais OTEC também apoiam as indústrias da aquacultura e da maricultura, colhendo plantas e animais marinhos para alimentação, beneficiando ainda mais o ambiente e as economias locais.
12. O cultivo de culturas de tipo primaveril, como os morangos, nas regiões costeiras tropicais é facilitado pelas condutas de água fria da OTEC, oferecendo diversas oportunidades agrícolas.
13. A OTEC oferece uma fonte de energia previsível e fiável com elevada densidade energética e um impacto visual mínimo, apesar de enfrentar desafios em termos de viabilidade comercial e impacto ambiental [244-245].

Desvantagens da OTEC-

1. **Custo inicial elevado e interesse de investimento limitado -** A eletricidade produzida pela OTEC custa atualmente mais do que a eletricidade produzida a partir de combustíveis fósseis devido aos elevados custos iniciais. O investimento em projectos OTEC é limitado, uma vez que só foi testado em pequena escala, o que impede as empresas de energia de investir.
2. **Limitações de localização -** As centrais OTEC requerem locais onde se

verifique uma diferença de cerca de 20° C durante todo o ano, com profundidades oceânicas disponíveis perto de instalações em terra para uma operação económica. No entanto, os locais adequados podem ser limitados, o que afecta a viabilidade de uma implementação generalizada, especialmente em regiões fora dos trópicos.

3. **Pequena diferença de temperatura e preocupações com a eficiência -** Em algumas áreas, pode não haver uma diferença de temperatura significativa entre as águas profundas e superficiais, o que leva a uma fraca eficiência na produção de eletricidade. Esta ineficiência, associada a custos elevados, torna a OTEC economicamente inviável para centrais de pequena escala e exige sistemas de produção de energia de reserva.
4. **Impacto ambiental na vida marinha -** As centrais OTEC envolvem condutas que atingem as partes mais profundas do oceano, com potencial impacto na vida e nos ecossistemas marinhos. A ação de bombagem da água pode atrair pequenos animais aquáticos para as condutas, colocando em risco a biodiversidade marinha, apesar de ser ambientalmente favorável para os seres humanos e para a terra.
5. **Interferência na navegação -** A construção das centrais OTEC, apesar de parecerem flutuar no mar, inclui estruturas longas e enormes sob a superfície. Esta construção pode interferir com a navegação, particularmente em áreas onde as rotas de navegação coincidem com potenciais localizações de centrais OTEC, exigindo rotas alternativas para os navios.
6. **Turbinas de grande dimensão e líquido dispendioso -** As centrais OTEC requerem turbinas de grande dimensão devido à baixa pressão do propeno em ebulição utilizado no processo. O elevado custo destas turbinas e o líquido dispendioso, juntamente com a baixa eficiência de conversão (cerca de 34%), contribuem para os desafios económicos da OTEC, tornando-a antieconómica para as centrais de pequena escala [244].

Biocombustível de algas

As algas, desde as microalgas unicelulares às algas multicelulares, são fontes cruciais de compostos orgânicos produzidos através da fotossíntese. A sua conversão eficiente da energia solar em biomassa torna-as ideais para a produção de biocombustíveis. Vários processos como a fermentação, a pirólise e a digestão anaeróbia podem transformar as algas em biodiesel, bioetanol e biohidrogénio. A sua capacidade de se desenvolverem em diversos ambientes aumenta o seu valor para a produção de biocombustíveis. As algas também contribuem para a sustentabilidade ambiental ao extraírem CO2 de gases industriais, aumentando os seus benefícios ecológicos. Além disso, as algas oferecem uma alternativa sustentável para a produção de biocombustíveis, reduzindo a concorrência com a produção de alimentos. Para além dos biocombustíveis, as algas encontram aplicações na nutrição, alimentação animal, controlo da poluição, biofertilizantes e tratamento de águas residuais, o que as torna fontes promissoras de energia renovável e ecológica. As microalgas oferecem diversas opções de produção de energia para além do biodiesel. Algumas espécies podem produzir gás hidrogénio em condições específicas. A biomassa de algas pode ser queimada ou sujeita a digestão anaeróbica para produzir biogás metano para energia. A pirólise também pode tratar a biomassa de algas para obter bio-óleo bruto. A desconstrução a baixa temperatura decompõe as matérias-primas em produtos intermédios utilizando catalisadores biológicos ou produtos químicos. O pré-tratamento abre as paredes celulares das plantas e das algas, melhorando o acesso aos polímeros de açúcar para hidrólise, em que enzimas ou produtos químicos os decompõem em blocos de açúcar simples [241-246].

Fontes de biocombustível de algas - As algas fornecem uma resposta flexível para a produção de biocombustíveis renováveis, abrangendo bioetanol, biodiesel, biogás, biohidrogénio, bio-óleo e gás de síntese. A classificação dos métodos de conversão em processos bioquímicos, químicos e termoquímicos facilita a criação de biorefinarias de algas. Diversas origens de biomassa, como florestas, explorações agrícolas e habitats aquáticos, actuam como matérias-primas para a produção de biocombustíveis. As algas emergem como uma escolha económica e ecologicamente consciente para a produção de biodiesel, oferecendo uma vasta gama de métodos de transformação para combustíveis derivados de algas [241-246].

Vantagens e desvantagens do biocombustível de algas

Vantagens do biocombustível de algas

1. **Pegada de carbono zero:** O combustível de algas é inteiramente de base biológica e neutro em carbono durante a combustão, resultando numa pegada de carbono zero.
2. **Cultivo versátil:** As algas podem ser cultivadas em vários ambientes, no interior ou no exterior, sem interferir com outras actividades agrícolas, permitindo uma produção flexível e adaptável.
3. **Alta eficiência:** As algas oferecem uma elevada eficiência na produção de biocombustíveis, ultrapassando outras fontes como o milho ou a cana-de-açúcar, o que as torna uma opção superior para a produção de energia sustentável.
4. **Crescimento rápido:** A taxa de crescimento rápido das algas permite satisfazer rapidamente as necessidades crescentes, tornando-as um recurso renovável e prontamente disponível para a produção de biocombustíveis.
5. **Neutro em dióxido de carbono:** O biodiesel de algas é neutro em termos de dióxido de carbono, utilizando o dióxido de carbono absorvido durante o crescimento, contribuindo assim para a preservação do ambiente.
6. **Utilização óptima da terra:** O cultivo de algas optimiza a utilização da terra, exigindo menos terra em comparação com outros biocombustíveis como a soja, conservando assim um valioso espaço agrícola.
7. **Esforços de otimização em curso:** Apesar dos desafios na utilização da água e dos fertilizantes, os esforços em curso centram-se na resolução destes problemas e na otimização da produção de biocombustível de algas para um futuro sustentável

Desvantagens do biocombustível de algas

1. A produção de combustível de algas tem um balanço energético desfavorável,

exigindo mais energia para o processamento do que produz.

2. Os investigadores estão a abordar esta questão através de melhorias nas técnicas de secagem e nos bio-reactores, mas a sua eficácia precisa de ser confirmada através de testes no terreno.
3. O cultivo de algas exige grandes quantidades de água, sendo potencialmente necessários vastos campos e lagos equivalentes ao tamanho da Bélgica para satisfazer apenas uma fração da procura de combustível da Europa.
4. A utilização de fertilizantes, embora necessária, apresenta riscos ambientais, como as emissões de gases com efeito de estufa e a poluição da água.
5. O início da produção de combustível de algas implica despesas significativas, o que pode dissuadir potenciais investidores.
6. O desenvolvimento tecnológico contínuo é crucial para reduzir os custos de produção, mas persistem incertezas quanto ao seu retorno.
7. Poderão ser necessários incentivos governamentais, tais como subvenções, para tornar os preços do combustível de algas competitivos.
8. O cultivo de algas em monocultura aumenta o risco de doenças, o que realça a necessidade de diversificar as espécies de algas para mitigar estes riscos.
9. Embora a refinação do óleo de palma seja mais barata, contribui para os danos ecológicos, ao contrário da cultura de algas, que é uma alternativa mais segura.
10. O cultivo rentável de algas requer condições climatéricas específicas e, nalgumas regiões, pode ser necessário o cultivo em recinto fechado, o que aumenta os custos de produção.
11. O cultivo de algas exige uma utilização significativa de água, agravando as preocupações com a escassez de água e aumentando os custos de produção.
12. A produção de algas em grande escala requer uma utilização substancial de fertilizantes, contribuindo para a poluição da água e para as emissões de carbono.
13. O elevado custo da produção de biocombustíveis de algas continua a ser um desafio, necessitando de mais avanços tecnológicos para a eficiência e a redução de custos.

Piezoeletricidade

O efeito piezoelétrico, descoberto por Pierre e Jacques Curie em 1880, ocorre quando a tensão mecânica gera um campo elétrico e vice-versa. O termo "piezoeletricidade" tem origem na palavra grega "piezein", que significa "pressionar". As experiências dos Curies com materiais como o quartzo e o sal de Rochelle lançaram as bases da tecnologia piezoeléctrica moderna. Essencialmente, o efeito piezoelétrico permite que certos materiais gerem uma carga eléctrica em resposta a uma tensão mecânica aplicada. Em termos simples, a piezoeletricidade envolve a utilização de cristais para converter energia mecânica em energia eléctrica ou vice-versa. Os cristais são normalmente definidos pela sua estrutura atómica organizada e repetitiva, conhecida como célula unitária. A maioria dos cristais, como o ferro, tem uma célula unitária simétrica, o que os torna ineficazes para fins piezoeléctricos. No entanto, alguns cristais, apesar de terem uma estrutura assimétrica, mantêm um equilíbrio eletricamente neutro. Quando se aplica pressão mecânica a um cristal piezoelétrico, a estrutura deforma-se, os átomos deslocam-se e o cristal gera uma corrente eléctrica. Inversamente, a aplicação de uma corrente eléctrica a um cristal piezoelétrico provoca a sua expansão e contração, convertendo energia eléctrica em energia mecânica. Este estudo incide sobre os dispositivos de captação de energia piezoeléctrica (PEH), que convertem várias formas de energia ambiental em energia eléctrica. A captação de energia envolve a transformação de fontes de energia ambiente, como vibrações ou gradientes de temperatura, em energia eléctrica. Embora as fontes em grande escala, como os sistemas de suspensão dos automóveis e as ondas do mar, possam gerar energia significativa, as fontes mais pequenas fornecem energia suficiente para alimentar sensores ou transdutores electrónicos autónomos. A tecnologia atual depende de baterias, que são limitadas em termos de tamanho, peso e custo, e cuja substituição é muitas vezes impraticável. A captação de energia pode potencialmente prolongar o tempo de vida dos sistemas ou criar sistemas auto-sustentáveis, reduzindo a necessidade de baterias. Os dispositivos de captação de energia piezoeléctrica convertem a tensão mecânica em energia eléctrica. Os elementos piezoeléctricos à escala centimétrica podem gerar miliwatts de energia a partir de vibrações ambientais, o que os torna adequados para dispositivos electrónicos de baixa potência, como sensores sem fios. Os dispositivos piezoeléctricos são também utilizados em sistemas de actuadores inteligentes, tais como motores ultra-sónicos, posicionadores de precisão e amortecedores mecânicos adaptáveis. Estes actuadores centram-se na melhoria dos materiais, da conceção e das aplicações, incluindo veículos militares e estruturas espaciais. Os avanços recentes incluem a integração de materiais piezoeléctricos com nanomateriais para várias aplicações, como equipamento industrial e eletrónica portátil. As fontes de energia ambiente adequadas para a captação de energia incluem a energia solar, a vibração, a radiofrequência, as ondas acústicas e os gradientes de temperatura. Os dispositivos de captação de energia por vibração, em particular, oferecem uma elevada densidade de energia por unidade de volume. Estes dispositivos podem ser piezoeléctricos, electromagnéticos ou electrostáticos. Os dispositivos piezoeléctricos são especialmente vantajosos em escalas mais pequenas devido à sua capacidade de escalar a potência com o volume. Os dispositivos de captação de energia por vibração piezoeléctrica têm uma maior densidade de energia e a capacidade de conversão recíproca [247-260].

Material piezoelétrico - Os materiais piezoeléctricos, incluindo cerâmicas, monocristais, compósitos e polímeros, tornaram-se um foco significativo na investigação e desenvolvimento.

Estes materiais estão a ser transformados em várias estruturas, como nanofios, nanobastões, nanotubos, nanopartículas e películas finas, para criar nanogeradores piezoeléctricos para uma vasta gama de aplicações. Devido ao seu elevado coeficiente piezoelétrico, durabilidade, capacidade de estiramento e flexibilidade, são particularmente adequados para redes de sensores sem fios e para a Internet das Coisas (IoT). A capacidade de captar energia do ambiente tem sido muito melhorada, permitindo fontes de alimentação sustentáveis para nós sensores. Este progresso é impulsionado pelo número crescente de nós sensores que estão a ser implantados e pela redução contínua dos seus requisitos de energia e dimensões.

Como trabalhar a piezoeletricidade?

Os materiais piezoeléctricos funcionam de dois modos principais: o efeito piezoelétrico direto e o efeito piezoelétrico inverso. Estes materiais, incluindo cerâmicas, monocristais, compósitos e polímeros, são cruciais na tecnologia moderna devido à sua capacidade de converter energia mecânica em energia eléctrica e vice-versa.

1. **Efeito Piezoelétrico Direto**
   Quando uma tensão mecânica é aplicada a um material piezoelétrico, este gera uma carga eléctrica. Por exemplo, a DARPA desenvolveu um gerador de choques no calcanhar para soldados. Este dispositivo utiliza material piezoelétrico incorporado nos sapatos para produzir eletricidade a partir do esforço mecânico da marcha. A eletricidade gerada é armazenada em condensadores ou baterias para alimentar dispositivos electrónicos. As aplicações diretas do efeito piezoelétrico são a **captação de energia -** os azulejos piezoeléctricos nas estações de comboios do Japão e num clube noturno de Londres geram eletricidade a partir dos passos dos peões e da dança, respetivamente. **Eletrónica -** Estes materiais são utilizados em filtros de frequência, dispositivos de ondas acústicas, microfones, imagens ultra-sónicas e hidrofones.
   Instrumentos musicais e dispositivos médicos - São utilizados em captadores piezoeléctricos para guitarras e biossensores para alimentar pacemakers.
   Navegação e deteção - Ajudam na deteção e geração de ondas de sonar e na deteção de inclinação.
2. **Efeito piezoelétrico inverso**
   Quando um campo elétrico é aplicado a um material piezoelétrico, este deforma-se e gera movimento mecânico. Uma aplicação comum é o oscilador de cristal de quartzo nos relógios. O cristal de quartzo oscila a uma frequência precisa quando é aplicada uma corrente eléctrica, o que ajuda a manter a precisão da cronometragem. As aplicações do efeito piezoelétrico inverso são,
   Actuadores e motores: Os materiais piezoeléctricos são utilizados na colocação de precisão em microscópios, accionadores de agulhas em impressoras, motores miniaturizados e posicionamento fino em ótica.
   Automóvel: São utilizados em sistemas de injeção para válvulas de combustível.
   Acoplamento de campos eléctricos e mecânicos.
   Os materiais piezoeléctricos são também valiosos para a investigação de estruturas atómicas e para a monitorização da integridade estrutural em várias indústrias. O efeito piezoelétrico depende da polarização eléctrica, influenciada pelas propriedades dieléctricas do material. Quando é aplicada uma tensão mecânica, o material deforma-se e gera polarização eléctrica, convertendo assim energia mecânica em energia eléctrica e vice-versa [260-263].

Existem ainda outras tecnologias emergentes:

Inteligência Artificial (IA) - A IA simula os processos de inteligência humana, melhorando as capacidades do software empresarial, como o apoio ao cliente em tempo real, o controlo da produtividade e os diagnósticos médicos complexos.

Automação - A automação replica tarefas humanas como a escrita, a fala e a condução, simplificando sectores como o design gráfico, a agricultura e o marketing, e melhorando a gestão da privacidade e da conformidade.

Robotização - A robótica automatiza tarefas complexas, beneficiando sectores como a agricultura (por exemplo, eliminação de ervas daninhas e colheita de colheitas) e os serviços alimentares, permitindo operações 24 horas por dia, 7 dias por semana, com despesas gerais reduzidas.

Impressão 3D - Esta tecnologia cria objectos tridimensionais a partir de ficheiros digitais, permitindo a criação de produtos personalizados, como vestuário à medida e sapatos de ajuste perfeito, melhorando as interfaces do utilizador e a vantagem competitiva.

Criptomoedas - As moedas digitais, como a Bitcoin, estão a ganhar popularidade, levando as empresas a desenvolver aplicações para transacções de criptomoeda sem problemas, criando novas vias de compra para os clientes.

Internet das Coisas (IoT) - A IoT liga dispositivos, permitindo a otimização de sistemas com base em dados, a manutenção preditiva e melhores experiências do cliente através de dispositivos inteligentes e da automatização.

Reconhecimento de voz - A tecnologia de voz, adoptada por grandes empresas como a Google e a Amazon, melhora a experiência do utilizador ao permitir comandos e interações de voz sem falhas, expandindo as oportunidades de mercado.

Veículos autónomos - Estes veículos navegam sem intervenção humana, abrindo novos mercados para aplicações de produtividade, publicidade e transformando as indústrias de logística e seguros ao eliminar as limitações da condução humana.

Drones - As aeronaves não tripuladas estão a revolucionar sectores como a agricultura, a logística e os meios de comunicação social, permitindo a recolha, análise e entrega de dados em tempo real, melhorando a eficiência e a segurança.

Outras tecnologias-chave com impacto nas aplicações personalizadas incluem wearables, tecnologia implantada, tradutores de línguas em tempo real, automação doméstica, processamento de linguagem natural, sensores integrados, realidade virtual e aumentada, redes em malha, análise de grandes volumes de dados, dinheiro móvel, energia solar, veículos eléctricos, baterias de última geração, aprendizagem automática, cadeias de blocos, computação quântica e aumento da inteligência (IA). Para a criação e distribuição de conteúdos, tecnologias como 5G e Wi-Fi 6, realidade virtual, bloqueio anti-anúncios, jornalismo automatizado, aplicações de alcance social, scrollytelling de dados, IoT, jornalismo vestível e ferramentas de criação de vídeo estão a transformar a indústria dos meios de comunicação social, aumentando a eficiência e criando novas oportunidades de envolvimento.

Principais tecnologias emergentes em 2023-

IA e ML - cruciais para a automatização, análise de dados e previsão em finanças, cuidados de saúde, cadeia de abastecimento, serviço ao cliente e manutenção preditiva.

Blockchain e Web3- Aumenta a transparência, a segurança e a eficiência na gestão da cadeia de abastecimento, nos cuidados de saúde, na verificação da identidade e nos sistemas de votação.

Automação inteligente e RPA - Automatiza tarefas de rotina no serviço ao cliente, cadeia de fornecimento, RH, serviços financeiros e cuidados de saúde, melhorando a eficiência e reduzindo os erros.

IoT - Melhora as cidades inteligentes, a manutenção preditiva, a monitorização ambiental e os cuidados de saúde com dispositivos ligados e intercâmbio de dados.

Computação quântica - Resolve problemas complexos na descoberta de medicamentos, modelação financeira, aprendizagem automática e cibersegurança, com potencial transformador.

Prevê-se que estas tecnologias tenham um impacto significativo em vários sectores, impulsionando a automatização, a eficiência e a inovação nos processos empresariais.

Caraterísticas das tecnologias emergentes

1. **Elevado potencial -** As tecnologias emergentes apresentam oportunidades significativas de crescimento e desenvolvimento para indivíduos e organizações. O seu potencial de impacto substancial torna-as essenciais para a inovação futura.
2. **Incerteza -** Sendo tecnologias relativamente novas e não totalmente estabelecidas, as suas perspectivas futuras e os desafios associados são incertos.
3. **Evolução rápida -** O rápido avanço das tecnologias emergentes torna difícil manter-se atualizado com os últimos desenvolvimentos.
4. **Interdisciplinaridade -** Combinando várias disciplinas como a informática, a engenharia e a biologia, as tecnologias emergentes oferecem vias únicas para a inovação.
5. **Disruptivas -** As tecnologias emergentes podem perturbar as indústrias e os métodos tradicionais, criando oportunidades e desafios substanciais.
6. **Velocidade rápida do relógio -** As tecnologias emergentes desenvolvem-se rapidamente, encurtando o tempo de evolução e de tomada de decisões. As indústrias de ritmo acelerado, como a Internet, registam um progresso tecnológico acelerado, necessitando de decisões comerciais rápidas para evitar ficar para trás. Este progresso rápido é impulsionado pelos avanços nas comunicações, tecnologias de satélite, investigação de materiais e biotecnologia, todos acelerados pela globalização.
7. **Convergência de tecnologias -** Muitas vezes, as novas tecnologias surgem da fusão de várias tecnologias anteriormente distintas, conduzindo a aplicações inovadoras e a novas áreas de conhecimento. Por exemplo, a imagem digital integra a microeletrónica, a conceção de circuitos, o processamento de imagens

e a fibra ótica. Esta convergência pode surpreender as empresas já estabelecidas, abrindo novos mercados e desmantelando antigos modelos de negócio.

8. **Concepções dominantes -** À medida que as tecnologias emergentes progridem, uma conceção torna-se frequentemente dominante, afectando profundamente a estrutura do mercado e o desempenho da empresa. As fases iniciais do mercado são marcadas por diversas concepções de produtos e por uma elevada incerteza. Eventualmente, surge uma conceção dominante, que conduz à estabilidade do mercado e afasta as concepções concorrentes. As empresas devem equilibrar o empenhamento nas tecnologias de base com a flexibilidade em relação às tecnologias emergentes.
9. **Efeitos de rede -** Em sectores como a informática, as telecomunicações e a eletrónica de consumo, os produtos beneficiam frequentemente de efeitos de rede, em que o valor de um produto aumenta à medida que mais pessoas o utilizam. Esta conetividade oferece oportunidades estratégicas para as empresas criarem bases de clientes fiéis. No entanto, os efeitos de rede também podem levar à inércia do mercado, o que pode impedir a inovação.
10. **Novidade radical -** As tecnologias emergentes introduzem conceitos e aplicações fundamentalmente novos.
11. **Crescimento relativamente rápido -** Estas tecnologias evoluem e crescem rapidamente, ultrapassando os avanços tecnológicos tradicionais.
12. **Coerência -** Apesar do seu rápido crescimento, as tecnologias emergentes mantêm um nível de coerência no seu desenvolvimento.
13. **Impacto proeminente -** Têm potencial para impactos económicos e societais significativos.
14. **Incerteza e ambiguidade -** As perspectivas futuras e todas as implicações das tecnologias emergentes são frequentemente pouco claras [264-273].

As tecnologias emergentes caracterizam-se pela curiosidade, desenvolvimento rápido, inteligência, efeitos perceptíveis, vulnerabilidade e imprecisão. Estão ainda a expandir-se rapidamente nas suas áreas de desenvolvimento e aplicação. Embora o seu potencial técnico e de valor esteja em grande parte por realizar, prometem moldar as indústrias do futuro e criar novas oportunidades, mesmo que imponham limitações em vários domínios, incluindo a guerra e o processamento de alimentos. Não há consenso sobre o que define uma tecnologia como "emergente", mas os principais atributos incluem geralmente novidade radical, crescimento rápido, coerência, impacto proeminente e incerteza e ambiguidade significativas.

Impacto potencial e tendências futuras

Esta análise abrangente explora os avanços nos actuadores piezoeléctricos para aplicações de manipulação e posicionamento de precisão. Investiga o desenvolvimento da tecnologia de actuadores piezoeléctricos, o conceito de piezoeletricidade, vários materiais e diferentes modos de atuação. A análise categoriza os actuadores com base no design, construção e funcionalidade, detalhando as suas especificações técnicas e caraterísticas de desempenho.

Os pontos principais incluem:

Actuadores Unimorph/Bimorph - Oferecem uma maior amplitude de movimento mas uma menor força de bloqueio.

Configurações empilhadas em várias camadas - Proporcionam maior rigidez e força bloqueada com uma amplitude de movimento razoável.

Amplificadores baseados em flexão - Aumentam a gama de deslocamentos com força bloqueada moderada quando integrados com actuadores piezoeléctricos de pilha.

Actuadores/motores piezoeléctricos de passo - Melhoram a gama de deslocamentos permitindo um movimento contínuo bidirecional de passo.

Motores piezoeléctricos ultra-sónicos - Oferecem alta velocidade, mas menor força/torque.

Motores de parafuso sem-fim - Proporcionam uma força/torque elevados, mas uma velocidade inferior.

Motores piezoeléctricos de inércia: Desempenho entre motores ultra-sónicos e motores de polegada.

Os actuadores piezoeléctricos tradicionais e de passo são utilizados em fases multi-DOF (graus de liberdade) para obter vários graus de liberdade no movimento. Os modos de atuação direta proporcionam uma resolução superior com um curso limitado, enquanto os actuadores por passos aumentam a amplitude de movimento com uma resolução inferior. As configurações em série oferecem grandes amplitudes de movimento, mas são volumosas e não lineares, enquanto as configurações paralelas são compactas, com inércia reduzida e caraterísticas dinâmicas melhoradas. Algumas recomendações de investigação incluem

- Desenvolvimento de actuadores piezoeléctricos multicamadas pré-tensionados para aplicações de força elevada.
- Otimização dos mecanismos de amplificação da flexão para maior alcance e força bloqueada em actuadores piezoeléctricos de pilha multicamada, incluindo a miniaturização para aplicações MEMS e NEMS.
- Miniaturização dos motores piezoeléctricos de passo para uma melhor velocidade, força/torque, fiabilidade e vida útil.
- Otimização do comportamento de fricção em actuadores de passo para minimizar o desgaste e aumentar a vida útil.
- Desenvolvimento de mecanismos avançados de bloqueio/aperto para um movimento preciso e sem atrasos.
- Exploração de mecanismos de acionamento híbridos para melhorar a resolução, a precisão, a velocidade e a força/torque, com ênfase na miniaturização e na redução da não linearidade do sistema.

As tecnologias emergentes têm um impacto significativo nas empresas em fase de arranque, oferecendo oportunidades de crescimento e inovação. A IA, a aprendizagem automática, a robótica e a automatização estão a transformar as operações e a concorrência. A série Tendências tecnológicas emergentes promove a implantação destas tecnologias para alcançar os Objectivos de Desenvolvimento Sustentável, partilhando informações e facilitando a implementação de tecnologias TIC. Abrange temas como os megadados, a IA para o desenvolvimento, as tecnologias da IdC, as cadeias de blocos, a 5G e as tecnologias de satélite, fornecendo recomendações e diretrizes para reforçar o desenvolvimento de capacidades no domínio das tecnologias emergentes [274-276].

CAPÍTULO 8: Impacto ambiental e social

Benefícios ambientais das energias renováveis

Eis alguns dos benefícios ambientais das tecnologias renováveis:

Energia Solar-

- Sem emissões durante o funcionamento: A produção de energia solar não produz emissões gasosas ou líquidas durante o funcionamento, contribuindo assim para um ar mais limpo e menos emissões de gases com efeito de estufa.
- Efeito de escudo térmico: As matrizes fotovoltaicas (PV) actuam como escudos térmicos ambientais, protegendo os edifícios do calor excessivo.

Energia eólica

- Poluição mínima: A produção de energia eólica não produz poluição do ar ou da água e não envolve substâncias tóxicas.
- Baixas emissões: A energia eólica tem emissões muito baixas numa base de ciclo de vida.
- Utilização do solo: Os parques eólicos podem ocupar grandes áreas, afectando potencialmente os ecossistemas locais e os níveis de humidade do solo.

Energia Geotérmica-

- Fonte de energia estável: A energia geotérmica proporciona um fornecimento de energia fiável e consistente com baixas emissões durante o funcionamento.

Energia de biomassa

- Redução de resíduos: A energia da biomassa ajuda a reduzir os resíduos, convertendo a matéria vegetal e os resíduos orgânicos em energia.

Energia hidroelétrica

- Fonte de energia renovável: A energia hidroelétrica é uma fonte de energia renovável com baixas emissões durante o funcionamento.

Energia Térmica dos Oceanos-

- Potencial para energia de baixa emissão: A conversão da energia térmica dos oceanos (OTEC) tem potencial para fornecer energia renovável com um mínimo de emissões.

Alguns outros benefícios ambientais das energias renováveis:

1. **Atenuação da poluição do ar e da água**
   As fontes de energia renováveis, como as tecnologias solar, eólica e geotérmica, produzem eletricidade com emissões atmosféricas mínimas, uma vez que não envolvem a combustão de combustível. Isto reduz significativamente as emissões nocivas, como as partículas, os óxidos nitrosos, o monóxido de

carbono e o mercúrio, que são predominantes na combustão de combustíveis fósseis. Consequentemente, isto leva a uma menor poluição do ar e a menos problemas de saúde, como infecções respiratórias, doenças cardíacas e cancro do pulmão. Além disso, as energias renováveis ajudam a mitigar a poluição da água, reduzindo a necessidade de processos que descarregam produtos químicos nocivos e metais pesados nas massas de água.

2. **Redução das emissões de gases com efeito de estufa**
   As tecnologias de energias renováveis reduzem significativamente as emissões de dióxido de carbono (CO2) ao substituírem os combustíveis fósseis, que são os principais responsáveis pelo aquecimento global. Isto é crucial para cumprir os objectivos climáticos e reduzir os impactos catastróficos das alterações climáticas. O Relatório sobre as Alterações Climáticas de 2023 do Painel Intergovernamental sobre as Alterações Climáticas sublinha as graves consequências das actuais emissões de gases com efeito de estufa, salientando a necessidade de reduções significativas das emissões até 2030 para evitar impactos climáticos graves.
3. **Preservação dos recursos naturais-**
   As fontes de energia renováveis, como a energia eólica, solar e geotérmica, não esgotam os recursos naturais como acontece com os combustíveis fósseis. Este facto ajuda a manter o equilíbrio ecológico e reduz a pressão sobre os recursos terrestres e hídricos. Por exemplo, os sistemas fotovoltaicos (PV) não necessitam de água para a produção de eletricidade, ao contrário das centrais térmicas, que são responsáveis por uma captação substancial de água. A transição para as energias renováveis pode aliviar esta pressão, preservando a água para outras utilizações essenciais.
4. **Proteção da vida selvagem e dos habitats**
   Embora as instalações de energia renovável possam perturbar a utilização do solo e os habitats da vida selvagem, têm geralmente uma pegada mais pequena em comparação com as extensas actividades de extração e perfuração necessárias para os combustíveis fósseis. Um planeamento adequado e avaliações ambientais podem minimizar estes impactos. Por exemplo, a energia eólica não produz poluição tóxica ou emissões de aquecimento global, mas pode afetar a utilização dos solos e a vida selvagem. O impacto da energia solar varia consoante a tecnologia utilizada, com preocupações que incluem a utilização do solo, a utilização da água e materiais perigosos no fabrico.
5. **Melhoria da saúde pública**
   A redução da poluição atmosférica resultante da adoção de energias renováveis conduz a menos problemas de saúde, diminuindo assim os internamentos hospitalares e melhorando a saúde pública em geral. Isto também pode levar a menos mortes prematuras causadas por doenças relacionadas com a poluição. A implementação de sistemas de energias renováveis nas comunidades pode também melhorar a saúde física, reduzindo a exposição a poluentes nocivos.
6. **Gestão de resíduos e valorização de recursos**
   A energia da biomassa contribui para a limpeza do ambiente ao converter os resíduos em energia e biofertilizantes. Desta forma, reduz-se a quantidade de

lixo que acaba por poluir os ecossistemas e os recursos hídricos, promovendo um ambiente mais limpo.

7. **Mitigação dos riscos climáticos**
   As tecnologias de energias renováveis desempenham um papel fundamental na redução dos riscos climáticos, diminuindo as emissões de gases com efeito de estufa, o que ajuda a atenuar as perturbações climáticas, como a escassez de alimentos e de água. As avaliações ambientais são essenciais para monitorizar e atenuar estes riscos, avaliando factores como a temperatura, a humidade do solo e as alterações da precipitação.

Embora as tecnologias de energias renováveis tenham algum impacto ambiental, os seus benefícios globais na redução da poluição, na conservação dos recursos, na proteção da saúde e na atenuação das alterações climáticas ultrapassam largamente estas preocupações. Avaliações ambientais adequadas e uma implantação estratégica podem aumentar ainda mais estes benefícios, tornando as energias renováveis uma componente essencial para atingir os objectivos de desenvolvimento sustentável [277-284].

Impacto social e económico das energias renováveis

A. **Impactos sociais e económicos positivos dos recursos energéticos renováveis**
   Impactos sociais
   1. **Emprego local:** Os projectos de energias renováveis criam oportunidades de emprego nas comunidades locais, especialmente nas zonas rurais. Estes postos de trabalho vão desde o fabrico e instalação de equipamento até à operação e manutenção.
   2. **Melhorias na saúde:** Ao reduzir a poluição associada às emissões de gases, as energias renováveis contribuem para melhorar a saúde pública. Este facto é particularmente significativo na redução das doenças respiratórias e cardiovasculares associadas à poluição atmosférica.
   3. **Alívio da pobreza:** Os investimentos em projectos de energias renováveis podem ajudar a aliviar a pobreza, proporcionando oportunidades de emprego e rendimento em regiões subdesenvolvidas. Por exemplo, o estabelecimento de projectos de biocombustíveis criou numerosos postos de trabalho, com um impacto positivo nas economias locais.
   4. **Escolha do consumidor e avanço da tecnologia:** As energias renováveis oferecem aos consumidores mais escolhas e incentivam o avanço da tecnologia. Isto leva a melhores padrões de vida e apoia o desenvolvimento de novas tecnologias.
   5. **Igualdade de género** - Ao reduzir os impactos nocivos para a saúde das fontes de energia tradicionais, como a lenha, as energias renováveis podem contribuir para a igualdade de género, beneficiando particularmente as mulheres nos países em desenvolvimento.
   6. **Atenuação das alterações climáticas** - As energias renováveis desempenham um papel crucial na atenuação das alterações climáticas, o que tem amplas implicações sociais, incluindo melhores condições de vida e redução dos riscos relacionados com o clima.

Impactos económicos

1. **Utilização de recursos locais -** Os projectos de energias renováveis utilizam mão de obra, materiais, empresas, acionistas e serviços bancários locais, impulsionando assim as economias locais.
2. **Fundos fiduciários para investimento local -** Alguns projectos de energias renováveis criam fundos fiduciários que investem o dinheiro ganho com a venda de eletricidade na economia local, permitindo que as comunidades criem pequenas empresas e melhorem as actividades económicas.
3. **Criação de emprego -** As tecnologias de energias renováveis, como a energia solar fotovoltaica, a energia eólica, a energia hidroelétrica e a bioenergia, são importantes criadoras de emprego. Por exemplo, só a tecnologia solar proporcionou cerca de 43% do emprego no sector elétrico dos EUA em 2016.
4. **Energia rentável -** As energias renováveis oferecem aos consumidores energia eléctrica a custos mais baixos em comparação com as fontes de energia convencionais. Esta vantagem económica é particularmente benéfica para as regiões fora da rede e para as ilhas, onde os sistemas híbridos de energias renováveis se revelaram mais económicos do que os sistemas a gasóleo.
5. **Benefícios económicos a longo prazo -** Embora os custos de capital inicial das tecnologias de energias renováveis possam ser elevados, os custos a longo prazo são mais baixos. Isto torna as energias renováveis uma opção mais sustentável e economicamente viável a longo prazo.
6. **Diversificação económica -** O crescimento das indústrias de energias renováveis diversifica as economias, reduzindo a dependência dos combustíveis fósseis e promovendo o desenvolvimento económico sustentável.
7. **Mérito técnico-económico -** Estudos demonstraram que os sistemas híbridos de energias renováveis (como os sistemas fotovoltaico-eólico-bateria) são mais rentáveis e podem cobrir uma parte significativa da carga anual com custos nivelados de energia mais baixos em comparação com os sistemas fotovoltaicos isolados.
8. **Poupança de custos de combustível -** A construção de projectos de energias renováveis, como as centrais hidroeléctricas, reduz os custos de combustível para a produção de eletricidade. As centrais hidroeléctricas substituem as fontes de energia convencionais, como o petróleo, que têm um custo zero de combustível. Por exemplo, uma central hidroelétrica que produza 6.570 GWh por ano pode poupar 3,285 milhões de toneladas de combustível por ano, reduzindo significativamente os custos operacionais.
9. **Benefícios externos da poupança de recursos esgotáveis -** A utilização de energias renováveis reduz o consumo de recursos não renováveis, como o petróleo. Isto tem implicações económicas mais vastas, uma vez

que o preço dos recursos não renováveis tende a aumentar ao longo do tempo devido à sua escassez e o seu consumo contínuo aumenta os custos externos relacionados com os danos ambientais.

Em resumo, as fontes de energia renováveis oferecem benefícios sociais e económicos substanciais, incluindo a criação de emprego, a melhoria da saúde, a redução da pobreza e a diversificação económica. Estas vantagens contribuem para o desenvolvimento sustentável das comunidades e ajudam a atenuar os efeitos adversos das alterações climáticas.

B. Impactos negativos sociais e económicos dos recursos energéticos renováveis

- Impactos sociais

1. **Deslocação e conflitos sobre a utilização da terra -** A instalação de projectos de energias renováveis em grande escala, como parques eólicos e parques solares, pode levar à deslocação de comunidades locais e a conflitos sobre a utilização da terra. Isto é particularmente problemático nas zonas rurais e agrícolas, onde a terra é um recurso crucial para a subsistência.
2. **Poluição visual e sonora -** As turbinas eólicas e os painéis solares podem causar poluição visual, afectando o valor estético das paisagens. As turbinas eólicas também geram ruído, que pode perturbar os residentes próximos e a vida selvagem.
3. **Preocupações com a saúde -** Embora as energias renováveis reduzam a poluição atmosférica, existem preocupações relacionadas com a construção e o funcionamento destes projectos. Por exemplo, a produção e a eliminação de painéis solares envolvem materiais perigosos que podem representar riscos para a saúde se não forem geridos corretamente.
4. **Criação limitada de emprego em certos sectores -** Embora as energias renováveis criem emprego, a sua distribuição pode ser desigual. Alguns sectores, como o da energia solar, criam menos empregos do que outros, e a natureza dos empregos pode exigir competências específicas, limitando as oportunidades para a mão de obra local não qualificada.

Impactos económicos

1. **Elevados custos de capital inicial -** Os projectos de energias renováveis exigem frequentemente um investimento inicial significativo. Este facto pode constituir um obstáculo para os países ou regiões em desenvolvimento com recursos financeiros limitados. Os custos iniciais são particularmente elevados para tecnologias como a energia solar fotovoltaica e as turbinas eólicas.

2. **Instabilidade económica -** A natureza intermitente das fontes de energia renováveis, como a eólica e a solar, pode levar à instabilidade económica. Esta intermitência pode causar flutuações no fornecimento e nos preços da energia, afectando potencialmente as indústrias e os consumidores.

3. **Perturbações do mercado** - As mudanças rápidas dos combustíveis fósseis para as energias renováveis podem perturbar os mercados e as economias existentes. Por exemplo, as regiões fortemente dependentes da extração de carvão ou de petróleo podem enfrentar um declínio económico e perdas de emprego à medida que a procura destes combustíveis fósseis diminui.
4. **Benefícios económicos desiguais** - Os benefícios económicos dos projectos de energias renováveis podem não ser distribuídos uniformemente. Em alguns casos, os lucros destes projectos revertem a favor de grandes empresas ou investidores estrangeiros, com benefícios económicos mínimos para as comunidades locais.
5. **Vulnerabilidades da cadeia de abastecimento** - As tecnologias de energias renováveis dependem de uma complexa cadeia de abastecimento global de materiais como os elementos de terras raras. As perturbações nesta cadeia de abastecimento, devido a tensões geopolíticas ou catástrofes naturais, podem afetar a implantação e manutenção de sistemas de energias renováveis.
6. **Concorrência de recursos** - Os projectos de energias renováveis podem competir com outras utilizações da terra e dos recursos, como a agricultura e a silvicultura, conduzindo a potenciais conflitos e compromissos económicos.

Em resumo, embora as fontes de energia renováveis proporcionem benefícios sociais e económicos substanciais, também colocam desafios como a deslocação, a poluição visual e sonora, preocupações com a saúde, custos iniciais elevados, instabilidade económica, perturbações do mercado, benefícios injustos, vulnerabilidades da cadeia de aprovisionamento e concorrência de recursos. A resolução destes impactos negativos é crucial para o desenvolvimento sustentável e a aceitação generalizada das tecnologias de energias renováveis [282-289].

Sustentabilidade e análise do ciclo de vida

A. Desenvolvimento sustentável e energias renováveis:

O conceito de desenvolvimento sustentável, que surgiu nos anos 80, visa equilibrar os factores económicos, sociais e ambientais para garantir um futuro melhor. Prevê um mundo onde todos têm acesso a recursos essenciais sem causar danos ao planeta. As tecnologias de energia renovável são cruciais para o desenvolvimento sustentável, uma vez que abordam objectivos ambientais, sociais e económicos.

Contribuições fundamentais das energias renováveis para o desenvolvimento sustentável:

1. **Reduzir as emissões de gases com efeito de estufa**

   As fontes de energia renováveis, como a energia solar e eólica, emitem muito menos gases com efeito de estufa do que os combustíveis fósseis. Esta redução é vital para atenuar as alterações climáticas e diminuir o impacto ambiental.

2. **Melhorar a segurança energética**
   Utilizando recursos locais, as energias renováveis reduzem a dependência de combustíveis importados, reforçando assim a segurança energética nacional. Esta transição reduz o risco de perturbações no aprovisionamento energético internacional e contribui para um sistema energético mais estável e fiável.
3. **Fornecimento de acesso à energia**

   As energias renováveis podem fornecer eletricidade a comunidades remotas e mal servidas, especialmente nos países em desenvolvimento. Este acesso é crucial para melhorar a qualidade de vida, reduzir a pobreza e criar oportunidades económicas nas zonas rurais.
4. **Criar empregos e estimular o crescimento económico**
   O sector das energias renováveis gera empregos no fabrico, instalação e manutenção de sistemas de energia. O crescimento de indústrias como a da energia solar conduziu a uma criação substancial de emprego e a benefícios económicos.
5. **Apoio ao desenvolvimento rural**
   As energias renováveis ajudam as comunidades rurais, fornecendo energia para a agricultura, aumentando a produtividade e promovendo o crescimento económico. Este desenvolvimento melhora o nível de vida e incentiva práticas sustentáveis.
6. **Impacto global e local**
   As energias renováveis são essenciais para alcançar os objectivos globais de desenvolvimento sustentável (ODS). As Nações Unidas destacam a importância da energia limpa, acessível e fiável na sua Agenda 2030, que inclui objectivos como a erradicação da pobreza, a garantia de um crescimento económico sustentável e o combate às alterações climáticas.
7. **Desafios e considerações-**
   Apesar das suas vantagens, as tecnologias de energias renováveis devem ser avaliadas quanto aos seus impactes ambientais. Questões como a utilização do solo, o consumo de água e os potenciais danos aos habitats naturais requerem uma avaliação cuidadosa para garantir o alinhamento com os objectivos de sustentabilidade.

O desenvolvimento sustentável depende da integração das energias renováveis para criar uma abordagem equilibrada que promova o crescimento económico, o bem-estar social e a proteção do ambiente. O investimento em tecnologias e políticas de energias renováveis é crucial para trabalhar no sentido de um futuro sustentável que satisfaça as necessidades actuais sem comprometer a capacidade das gerações futuras de satisfazerem as suas [290-300].

B. Avaliação do ciclo de vida (LCA) dos sistemas de energias renováveis

A Avaliação do Ciclo de Vida (ACV) é um método detalhado de avaliação dos impactos ambientais de um produto ao longo do seu ciclo de vida, desde a extração da matéria-prima até à sua eliminação (do berço ao túmulo). Esta abordagem auxilia a tomada de decisões para o desenvolvimento sustentável, identificando as formas mais eficazes de minimizar os impactes ambientais, rastreando materiais, processos e fases operacionais para reduzir a pegada ambiental global.

Pontos-chave da ACV nas energias renováveis:

Sistemas solares fotovoltaicos (PV)

- **Impacto ambiental -** Geralmente positivo, mas varia consoante o tipo (por exemplo, mono e policristalino, película fina, perovskite, sensibilizado por corantes).
- **Opções de fim de vida -** Reutilização, deposição em aterro, incineração e reciclagem, sendo que a reciclagem oferece benefícios ambientais substanciais.
- **Eficiência operacional -** Elevada em regiões ensolaradas; concepções inovadoras podem melhorar o desempenho térmico e elétrico.

Sistemas solares térmicos (STS)-

- **Emissões de GEE -** Eficaz na redução dos gases com efeito de estufa.
- **Aplicações -** Utilizado para aquecimento, arrefecimento e produção de eletricidade, com um desempenho que depende da seleção adequada dos elementos.
- **Considerações económicas -** Eficiente mesmo com tarifas baixas em zonas de elevada insolação, vantajoso para aplicações industriais no âmbito de sistemas de comércio de emissões.

Turbinas eólicas-

- **Em terra -** Impacto ambiental importante do fabrico e da gestão de resíduos; a reciclagem eficaz reduz o impacto global.
- **Offshore-** Impacto significativo dos materiais de construção e da utilização de energia; as estratégias de manutenção podem minimizar os efeitos ambientais.
- **Comparação -** A energia eólica tem impactos ambientais inferiores aos dos combustíveis fósseis, embora os impactos variem consoante o tipo de turbina e a localização.

Energia hidroelétrica

- **Desempenho ambiental -** As centrais de grande dimensão têm impactos mais reduzidos do que as pequenas albufeiras e os sistemas a fio de água.
- **Potencial de aquecimento global (GWP)-** Mais elevado para as grandes instalações, mas o impacto ambiental global permanece baixo.

Energia Geotérmica-

- **Vantagens únicas -** Produção estável não afetada pelas condições meteorológicas; emissões mínimas de gases com efeito de estufa durante o funcionamento.
- **Preocupações ambientais -** Emissões de substâncias tóxicas como o boro e o mercúrio durante as fases de funcionamento.
- **Melhorias tecnológicas -** Tecnologias como o Sistema de Abatimento de Mercúrio e Sulfureto de Hidrogénio (AMIS) podem reduzir os impactos

negativos.

Energia de biomassa

- **Aplicações -** Utilizado para a produção de eletricidade, produção de hidrogénio e produção de etanol.
- **Impacto ambiental -** Varia consoante a tecnologia e a matéria-prima; geralmente, envolve emissões de GEE mais elevadas em comparação com outras energias renováveis.
- **Sistemas integrados -** A combinação da biomassa com outras tecnologias (por exemplo, a gaseificação) pode melhorar o desempenho ambiental.

Desafios e considerações-

- **Escassez de dados -** Afecta a precisão e a fiabilidade dos resultados da ACV.
- **Variabilidade metodológica -** As diferenças nos limites do sistema, nas unidades funcionais e nos métodos de avaliação do impacto podem conduzir a resultados inconsistentes.
- **Incertezas -** A variabilidade temporal e espacial, bem como os pressupostos dos estudos de ACV, introduzem incertezas.
- **Melhoria contínua -** São necessárias actualizações regulares e aperfeiçoamentos metodológicos para aumentar a precisão das ACV.

A ACV é essencial para avaliar e melhorar o desempenho ambiental dos sistemas de energias renováveis. Ao identificar pontos críticos e oportunidades de melhoria, a ACV apoia a tomada de decisões informadas e o desenvolvimento de políticas. Apesar dos seus desafios, a ACV proporciona uma compreensão abrangente dos impactos ambientais de várias tecnologias de energias renováveis, orientando os esforços para um futuro sustentável [290-311].

Referências-

[1] S. Abolhosseini, A. H. Sogang University, e J. Altmann, A Review of Renewable Energy Supply and Energy Efficiency Technologies, Documento de Discussão n.º 8145, (2014)

[2] L. H. Majida, H. H. Majidb e H. F. Hussein, Análise de fontes de energia renováveis, aspectos de sustentabilidade e tentativas de mudança climática, American Scientific Research Journal for Engineering, Technology, and Sciences (ASRJETS), 43(1), 22-32, (2018)

[3] S. S. Raghuwanshi e R. Arya, Renewable energy potential in India and future agenda of research, revista internacional de engenharia sustentável,12(5), 291-302, (2019)

[4] J. Tester, Sustainable energy: Choosing among options, Londres: MIT Press, (2005)

[5] R. M. G.N. Tiwari, Advanced renewable energy sources, Londres: Royal Society of Chemistry, (2011)

[6] R. P. Madruga, Y. Sokona, K. Seyboth, P. Matschoss, S. Kadner, C. V. Stechow e O. Edenhofer, Renewable Energy Sources and Climate Change Mitigation, Cambridge: Cambridge University Press, (2011)

[7] S. A. Abassi e T. Abassi, Renewable energy sources: Their impact on global warming and pollution, Delhi: PHI Learning, (2010)

[8] P. A. Owusu e S. A. Sarkodie, Viabilidade do sistema de aquecimento a biomassa na Universidade Técnica do Médio Oriente, campus do Norte de Chipre: Cogent Engineering, (2016)

[9] Relatório IRENA (2023) https://www.irena.org/Publications/2023/Jul/Renewable-energy- statistics-2023

[10] Relatório da AIE (2023) https://www.iea.org/reports/world-energy-outlook-2023

[11] O. Peter e C. Mbohwa, Tecnologias de energia renovável em resumo, Tecnologias de energia renovável em resumoJornal Internacional de Pesquisa Científica e Tecnológica, Vol.8, 1283-1289,(2019)

[12] T. B. McKee e N. J. D. J. Kleist, Analysis of Standardized Precipitation Index (SPI) data for drought assessment, Water (Switzerland), Vol.26, 1-72, (1993)

[13] H. Soonmin, S. Wagh, A. Kadier, I. A. Gondal, N. P. B. A. Azim e M. K. Mishra, Tecnologias de energia renovável, Inovação Sustentável e Impacto, 237 - 250, (2018)

[14] O. Peter e C. Mbohwa, Renewable Energy Technologies in Brief, International Jornal de Investigação Científica e Tecnológica, 8, 1283-1289, (2019)

[15] S.R. Weliwaththage e U.S. Arachchige, Solar Energy Technology, Journal of Investigação, Tecnologia e Engenharia, 1(3), (2020)

[16] I. D. Ibrahim, e Y. Alayli, Princípios e aplicações da energia solar, PRSP.000532. 2(2).2022

[17] R.L. Evans, Fueling our future: an introduction to sustainable energy, Cambridge University Press, (2007)

[18] L. Phillips, "Solar energy," in Managing Global Warming: An Interface of Technology and Human Issues, (2018)

[19] Q. Li, Y. Liu, S. Guo e H. Zhou, "Armazenamento de energia solar nas baterias recarregáveis", Nano Today, (2017), doi:10.1016/j.nantod.2017.08.007

[20] S.S. Hegedus e A. Luque, Status, Trends, Challenges and the Bright Future of Solar Electricity from Photovoltaics, Handbook of Photovoltaic Science, 1-43, (2003)

[21] G.T. Lin, A promoção e o desenvolvimento da indústria solar fotovoltaica: Discussion of Its Key Fator, Distributed Generation & Alternative Energy Journal, 26(4), 57-80, (2011)

[22] A. James, Solar Photovoltaic Energy: Vantagens e Desvantagens, Glob. J. Eng. Arch., dezembro, (2021)

[23] PY. Xin, Avaliação abrangente e perspetiva de aplicação da tecnologia de geração de energia solar, North China Electric Power University, (2015)

[24] FJ Zhang e FM Li, Análise do desenvolvimento tecnológico da energia solar concentrada, Boiler Manufacturing, (04):33-36+46, (2019)

[25] K. Vinaya N., Geração de eletricidade com recurso à energia solar, Revista Internacional de Investigação e Tecnologia em Engenharia (IJERT), Vol. 2, Edição 2, (2013)

[26] K. Chaudhari, A. Deshmukh, P. Adawade, S. Bagal, P. Mane e R. Batavia, Purificação de água utilizando energia solar, International Research Journal of Engineering and Technology (IRJET), 08(06), (2021)

[27] A. O. M. Makal e J. M. Alabid, Solar energy technology and its roles in sustainable development, Clean Energy, 6 (3), (2022)

[28] G. Rizzo, Automotive applications of solar energy, IFAC Proc. Volumes, 43(7),174-185, 2010

[29] J. Connors, On the subject of solar vehicles and the benefits of the technology, Conferência Internacional sobre Energia Eléctrica Limpa, ICCEP, 700-705, (2007)

[30] Y. S. Wamborikar e A. Sinha, Solar powered vehicle, Actas do Congresso Mundial de Engenharia e Ciências da Computação 2010 Vol II, WCECS (2010)

[31] M. Chaibi, An overview of solar desalination for domestic and agriculture water needs in remote arid areas, Desalination, 127(2), 119-133, (2000)

[32] A. Hamidat, B. Benyoucef e T Hartani, Small-scale irrigation with photovoltaic water pumping system in Sahara regions, Renew Energy, 28(7), 1081-1096, (2003)

[33] K. Schwarzer, M. E. V. da Silva, Sistema de cozedura solar com ou sem armazenamento de calor para famílias e instituições, Sol Energy, 75(1), 35-4, (2003)

[34] P. Glaser, Solar power from satellites, Phys Today, 30(2), 30-38, (1977)

[35] J. O. McSpadden e J.C. Mankins, Space solar power programs and microwave wireless power transmission technology, IEEE Microwave Mag, 3(4), 46-57, (2002)

[36] T. Tsoutsos, N. Frantzeskaki e V. Gekas, Environmental impacts from the solar energy technologies, Energy Policy, 33(3), 289-296, (2005)

[37] S. A. Kalogirou, Environmental benefits of domestic solar energy systems, Energ Conver Manage, 45(18-19), 3075-3092, (2004)

[38] R. Prakash e I.K. Bhat, Energy, economics and environmental impacts of renewable energy systems, Renew Sustain Energy Rev, 13(9), 2716-2721, (2009)

[39] G. R. Timilsina, L. Kurdgelashvili e P.A. Narbel, Solar energy: markets, economics and policies, Renew Sustain Energy Rev, 16(1), 449-465, (2012)

[40] M. B. Hayat, D. Ali, K. C. Monyake, Lana Alagha e N. Ahmed, Solar energy-A look into power generation, challenges, and a solar-powered future, Int J Energy Res, 1-19, (2018)

[41] T. Wizelius, Desenvolvimento de projectos de energia eólica, primeira edição, Eartscan (2007)

[42] A. Zervos, Wind power as a mainstream energy source. Proc. da Conf. Europeia de Energia Eólica 2009, Marselha, (2009)

[43] V. Nelson, Wind Energy - Renewable Energy and the Environment, CRC Press, (2009)

[44] A. El-Ali, N. Moubayed, and R. Outbib, Comparison between solar and wind energy in Lebanon, Proc. of 9th Int. Conf, on Electrical Power Quality and Utilisation, Barcelona, (2007)

[45] B. Liu, Z. He, e H. Jin, Estado da energia eólica e tendências de desenvolvimento, Journal of Northeast Dianli University, 36(2), 7-13, (2016)

[46] X. C. Wang, P. Guo e X. B. Huang, Uma revisão dos modelos de previsão da energia eólica. Vitality Procedia, 12, 770-778, (2011)

[47] D. M. Zhao, Y. C. Zhu e X. Zhang, Investigação sobre a previsão da energia eólica em parques eólicos, Conferência de Engenharia e Automação de Energia do IEEE, 175-178 (2011)

[48] G. Sideratos, and N.D. Hatziargyriou, An Advanced Statistical Method for Wind Power Forecasting, IEEE Transactions on Power Systems, 22, 258-265, (2007)

[49] L. Ma, S. Y. Luan, C.W. Jiang, H.L. Liu, e Y. Zhang, Uma revisão sobre a previsão da velocidade do vento e da potência gerada, Inexhaustible and Sustainable Energy Reviews, 13, 915920, (2009)

[50] A. Kumar, M. Z. U. Khan e B. Pandey, Energia Eólica: Um artigo de revisão, Gyancity Journal of Engineering and Technology, 4(2), 29-37, (2018)

[51] R. Freude, Physics of Wind Turbines | Energy Fundamentals, Energy fundamentals.eu.Disponível em: http://www.energy-fundamentals.eu/15.htm (2017)

[52] N. K. Hettiarachchi, R. M. Jayathilake e J. A. Sanath, Simulação de Desempenho de uma Turbina Eólica de Eixo Vertical de Pequena Escala (VAWT) com a Integração de um Sistema Defletor de Vento, Graduação. Departamento de Engenharia Mecânica e de Produção, Faculdade de Engenharia, Universidade de Ruhuna, (2014)

[53] M. Takao, H. Takita, Y. Saito, T. Maeda, Y. Kamada e K. Toshimitsu, Experimental study of a straight-bladed vertical axis wind turbine with a direted guide vane row, Proceedings of the ASME 2009 28th International Conference on Ocean, Offshore and Arctic Engineering, (2009)

[54] IRENA (Agência Internacional para as Energias Renováveis), 2020a, Energia Eólica, https://www.irena.org/wind, (2020)

[55] A. Faizan, Horizontal-Axis Wind Turbines (HAWT) Working Principles -Single Blade, Two Blade, Three Blade Wind Turbines. Electrical Academia, https://electricalacademia.com/renewable-energy/horizontal-axis-wind-turbinehawt-working- principle-single-blade-two-blade-three-blade-wind-turbine/. (2020)

[56] M. Mohammadi, A. Mohammadi e S. Farahat, Um novo método para a otimização da lâmina da turbina eólica de eixo horizontal (HAWT), Int. Journal of Renewable Energy Development 5 (1), 1-8, (2016)

[57] Universidade de Kohilo, Types of Wind Turbines & Their Advantages & Disadvantages, https://kohilowind.com/kohilo-university/202-types-of-wind-turbines-theiradvantages- disadvantages/.(2020)

[58] V. Nian, New Technologies and New Opportunities, Notas de discussão sobre "Appropriate Technologies for Removing Barriers to the Expansion of Renewable Energy in Asia: Case of Vertical Axis Wind Turbines" por Hooman Peimani, apresentação como debatedor na Integration of Renewable Energy in Energy Systems: Perspectives on Investment, Technology, and Policy, workshop organizado pelo Instituto do Banco Asiático de Desenvolvimento, Tóquio/Japão, (2020)

[59] PI. Seattle, Horizontal Vs. Turbinas eólicas verticais, https://education.seattlepi.com/ horizontal-vs-vertical-wind-turbines-3500, (2020)

[60] L. Kern, J. V. SeebaB e J. Schlüter, The Potential of Vertical Wind Turbines in the Context of Growing Land use Conflicts and Acceptance Problems of the Wind Energy Setor, Zeitschrift für Energiewirtschaft, 43, 289-302, (2019)

[61] C. Rotter, Collapse of Wind Power Threatens Germany's Green Energy Transition, WUWT. https://wattsupwiththat.com/2019/07/29/collapse-ofwind-power-threatens-germanys-green-energy-transition/. (2020)

[62] J. Szarka, Wind Power in Europe: Politics, Business and Society, Springer, 176,

(2007)

[63] Arcadia, Vantagens e Desvantagens das Turbinas Eólicas de Eixo Vertical, https://blog.arcadia.com/vertical-axis-wind-turbines-advantages-disadvantages/. (2020)

[64] P. Dvorak, How to harvest plentiful low-level winds on existing wind farms, Wind Power Engineering and Development. https://www.windpowerengineering.com/harvest-plentiful-low-level-windsexisting-wind-farms/. (2020)

[65] Editor, Vertical Axis Wind Turbines vs Horizontal Axis Wind Turbines, Wind power Engineering and Development, https://www.windpowerengineering.com/vertical-axis-wind- turbines-vshorizontal-axis-wind-turbines/. (2020)

[66] R. Whittlesey, Vertical Axis Wind Turbines: Farm and Turbine Design, em Wind Energy Engineering: A Handbook for Onshore and Offshore Wind Turbines, Trevor M. Letcher, ed., (2020) San Diego, (2020)

[67] A. Fernández-Guillamón, K. Das, N. A. Cutululis e A. Molina-Garcia, Offshore wind power integration into future power systems, overview and trends. J. Mar. Sci. Eng, 7 (11), 399, https://doi.org/10.3390/JMSE7110399, (2019)

[68] IRENA, Future of Wind: Deployment, Investment, Technology, Grid Integration and Socio-Economic Aspects (A Global Energy Transformation Paper). Agência Internacional para as Energias Renováveis, Abu Dhabi (n.d.), (2019)

[69] IRENA, Renewable Energy Statistics, Agência Internacional para as Energias Renováveis, Abu Dhabi (n.d.), (2021)

[70] Y. Li, X. Huang, K. F. Tee, Q. Li e X. P. Wu, Estudo comparativo das caraterísticas do vento onshore e offshore e dos potenciais de energia eólica, um estudo de caso para a região costeira do sudeste da China, Sustain, Energy Technol, Assessments 39,
https://doi .org/10.1016/j. seta.2020.100711, (2020)

[71] M. Gul, N. Tai, W. Huang, M. H. Nadeem e M. Yu, Avaliação do potencial de energia eólica e análise económica em Hyderabad, no Paquistão, alimentando as comunidades locais com energia eólica, Sustainability 11 (5), https://doi.org/10.3390/su11051391, (2019)

[72] C. Pang, J. Yu e Y. Liu, Correlation analysis of factors affecting wind power based on machine learning and Shapley value, IET Energy Syst. Integrat, 3 (3), 227-237,

https://doi.org/10.1049/ESI2.12022, (2021)

[73] Academia Nacional de Ciências. Environmental impacts of wind-energy projects, Conselho Nacional de Investigação, (2007)

[74] B. K. Sovacool, Contextualizing avian mortality: a preliminary appraisal of

mortes de aves e morcegos devido à eletricidade eólica, de combustíveis fósseis e nuclear. Energia

Policy, 37, 2241-2248, (2009)

[75] Associação Canadiana de Energia Eólica. Aves, morcegos e energia eólica, http://www.canwea.ca/images/uploads/File/NRCan_-_Fact_Sheets/6_wildlife.pdf

[76] Wind farms & visual aesthetics, http://www.countrysideenergyco-op.ca/files/cec_flyer_windfarm_visual_aesthetics_20060713a_w.pdf

[77] P. Gipe, Design as if people matter: diretrizes estéticas para a indústria eólica,

http://www.wind-works.org/articles/design.html

[78] Atlas de recursos de energia eólica dos Estados Unidos, http://rredc.nrel.gov/wind/pubs/atlas/acknowledge.html

[79] B. Nicholls e P. A. Racey, Bats Avoid Radar Installations: Poderá a radiação electromagnética

Fields Deter Bats from Colliding with Wind Turbines? PLoS ONE, 2, 3, e297, (2007)

[80] A. H. Fielding, D. P. Whitfield e D. R. McLeod, Spatial association as an indicator of the potential for future interactions between wind energy developments and golden eagles Aquila chrysaetos in Scotland, Biological Conservation, 131, 3, 359-369, (2006)

[81] H. Seifert, Technical Requirements for Rotor Blades Operating in Cold Climates, DEWI Magazin Nr. 24, (2004)

[82] A. Kumar, M. Z. U. Khan e B. Pandey, Energia Eólica: Um artigo de revisão, Gyancity Journal of Engineering and Technology, 4(2), 29-37, (2018)

[83] Dr. A. Kumar, R. Kumar, S. K. Gupta, W. Hasan e Gulfshan, Uma revisão completa sobre energia eólica, 6 (9), IJSDR, (2021)

[84] W. Tong, Wind Power Generation and Wind Turbine Design, WIT Transactions on State of the Art in Science and Engineering, WIT Press, 44, (2010)

[85] D. Soni1, A. K. Kundu, N. Gautam, C. Songade, V. S. Patel, V. Patil e R. Gupta, Hydropower an Efficient Renewable Source of Energy: An Analysis, International Journal of Recent Advances in Multidisciplinary Topics, 3(2), (2022)

[86] S. Baird, O futuro da eletricidade. Electricity Today, 18(5), 9-11, (2006)

[87] M. M. Hasan e G. Wyseure, Impacto das alterações climáticas na produção de energia hidroelétrica na Bacia do Rio Jubones, Equador. https://doi.org/10.1016/_j.wse.2018.07.002. 1674-2370/©, Universidade de Hohai, Elsevier B.V., (2018)

[88] M. Casini, Harvesting energy from in-pipe hydro systems at urban and building scale (Recolha de energia de sistemas hidroeléctricos à escala urbana e de edifícios),

Artigo publicado no International Journal of Smart Grid and Clean Energy, (outubro de

2015)

[89] A. Brown, S. Müller e Z. Dobrotková, Renewable energy markets and prospects by technology, Agência Internacional da Energia (AIE)/OCDE, (2011)

[90] Painel Intergovernamental sobre as Alterações Climáticas (PIAC), Relatório Especial "Renewable Energy Sources and Climate Change Mitigation", Grupo de Trabalho III-Mitigação das Alterações Climáticas, PIAC, (2011)

[91] IHA, Advancing Sustainable Hydropower, 2011 Activity Report, IHA, Londres, (2011)

[92] REN21, Renewables 2011 Global Status Report, REN 21, (2011)

http://www.ren21.net/Portals/97/documents/GSR/REN21 GSR2011.pdf

[93] A. Brown, S. Muller e Z. Dobrotkova, "Renewable energy markets and prospects by technology", International Energy Agency (IEA) Information Paper, International Energy Agency (IEA), Paris, França.

[94] Agência Internacional para as Energias Renováveis (IRENA), Renewable energy technologies- cost analysis series, volume 1, power sector, IRENA Working Paper 3/5, (2012)

[95] H. Locker, Environmental Issues and Management for Hydropower Peaking Operations, Nações Unidas, Departamento de Assuntos Económicos e Sociais (UN-ESA), (2004)

[96] E. Roth, Why thermal power plants have relatively low efficiency, Sustainable Energy for All (SEAL) Paper, Leonardo ENERGY, 8, (2005) https://docs.google.eom/file/d/0BzBU0gQlsdocYmI1NDkyMDctY2RmYy00YzY0LTgwYm YtY2RjZGFhN2U1ZDk2/edit?hl=en GB&pli=1.

[97] U.S. Bureau of Reclamation, Hydro Electric Power, departamento do interior, (2005)

[98] V. Antonia, E. H. Timothy, Lipman, e M. Daniel, RENEWABLE ENERGYSOURCES, publicado na Encyclopedia of Life Support Systems (EOLSS), EnergyResource Science and Technology Issues in Sustainable Development e pode ser encontrado em: http://www.eolss.com,

[99] J. Twidell, Renewable Energy Resources, Segunda edição, Taylor & Francis Group

[100] Departamento de Energia dos EUA, Guide to Purchasing Green Power, DOE/EE-0307, (2010)

[101] H. Raghunath, Hydrology: Principles, Analysis and Design, New Age International, New Delhi, India, 2nd edition, (2009)

[102] J. P. Diaz, J. Sarasua, J. Fraile-Ardanuy, J. Wilhelmi, and J. Sanchez, A control system for low-head diversion run-of-river small hydro plants with pressure conduits

considering the tailwater level variation, in Proceedings of the International Conference on Renewable Energies and Power Quality (ICREPQ '10), Granada, Spain, (2010)

[103] T. Douglas, Green' Hydro Power: Understanding Impacts, Approvals, and Sustainability of Run-of-River Independent Power Projects in British Columbia, Watershed Watch Salmon Society, (2007)

[104] M. Gondwe, Aspects of climate change: impacts on generation-the case of Malawi's Runof-River hydropower schemes, in Proceedings of the 6th International Conference on Hydropower (Hydropower '10), International Centre for Hydropower (ICH), Tromso, Norway, (2010)

[105] Nordel, (2008a), Description of Balance Regulation in the Nordic Countries, Nordel

[106] Agência Internacional da Energia, Hydropower and the Environment: Present Context and Guidelines for Future Action, Subtask 5 Main IEA Report, Volume 2, Agência Internacional da Energia, Amesterdão, Países Baixos, (2000)

[107] O. Edenhofer, Renewable Energy Sources and Climate Change Mitigation, Grupo de Trabalho III da Unidade de Apoio Técnico, Instituto de Investigação do Impacto Climático de Potsdam (PIK), (2012)

[108] P Govorkian, Alternative Energy Systems in Building Design, McGraw-Hill (2012)

[109] G. Poole, Stream Hydrogeomorphology as a Physical Science Basis for Advances in Stream Ecology, J. N. Am. Benthol. Soc., 29 (1), 12-25, (2010)

[110] R. Vannote, G. Minshall, K. Cummins, J. Sedell, e C. Cushing, The River Continuum Concep, Can. J. Fish. Aquat. Sci., 37 (1), 130-137, (1980)

[111] J. Stanford e J. Ward, Revisiting the Serial Discontinuity Concept. Regul. Rivers: Res. Manage., 17 (4-5), 303-310, (2011)

[112] K. Skalak, J. Pizzuto e D. Hart, Influence of small Dams on Downstream Characteristics in Pennsylvania and Maryland: Implications for the Long Term Geomorphic Effects of Dam Removal, J. Am. Water Resour. Assoc., 45 (1), 97-109, (2009)

[113] K. Aarestrup and A. Koed, Survival of Migrating Sea Trout (Salmo trutta) and Atlantic Salmon (Salmo salar) Smolts Negotiating Weirs in Small Danish Rivers. Ecol. Freshw. Fish, 12 (3), 169-176, (2003)

[114] S. Csiki, e B. Rhoads, Hydraulic and Geomorphological Effects of Run-of-River Dams. Prog. Phys. Geog., 34 (6), 755- 780, (2010)

[115] M. Mueller, J. Pander e J. Geist, The Effects of Weirs on Structural Stream Habitat and Biological Communities, J. Appl. Ecol., 48 (6), 1450-1461, (2011)

[116] L. J. Baumgartner e A. Wibowo, Addressing fish-passage issues at hydropower

and irrigation infrastructure projects in Indonesia, Marine and Freshwater Research, Coates 2002, 1805-1813. https://doi.org/10.1071/MF18088, (2018)

[117] Erinofiardi, P. Gokhale, A. Date, A. Akbarzadeh, P. Bismantolo, A. F. Suryono, A. K. Mainil e A. Nuramal, Uma revisão sobre micro-hidrelétricas na Indonésia. Energy Procedia, 110 (dezembro de 2016), 316-321, https://doi.org/10.1016/begypro.2017.03.146, (2017)

[118] Hydropower Technology, Potential, Challenges, and the Future (Tecnologia hidroelétrica, potencial, desafios e futuro). Disponível em: https://www.researchgate.net/publication/365746757_Hydropower_Technology_Potenti al_C hallenges_and_the_Future (2024])

[119] D. Gielen, F. Boshell, D. Saygin, M. D. Bazilian, N. Wagner e R. Gorini, O papel das energias renováveis na transformação energética mundial, Energy Strategy Reviews, 24, 38-50, (2019)

[120] A. Kumar, N. Kumar, P. Baredar, and A. Shukla, A review on biomass energy resources, potential, conversion and policy in India, Renewable and Sustainable Energy Reviews, vol. 45, 530-539, (2015)

[121] Y. B. Deng, C. Liu, e S. B. Wu, Uma revisão sobre a pirólise rápida de biomassa para bio-óleo, Adv, New Renew, Energy, 2, 334-341, (2014)

[122] Bioenergia '96, Actas da Sétima Conferência Nacional sobre Bioenergia, Vols. I-II. (1996)

[123] A. V. Bridgwater, e G. Grassi, Biomass Pyrolysis Liquids Upgrading and Utilization, Elsevier Science, Essex, Reino Unido, (1991)

[124] P. Chartier, A. A. C. M. Beenackers e G. Grassi, Biomass for Energy, Environment, Agriculture, and Industry, Vols. I-III (e livros bienais anteriores e posteriores), Elsevier Science, (1995)

[125] D.L. Klass, Biomass for Renewable Energy and Fuels, Encyclopaedia of Energy, Elsevier, Inc. r, (2004)

[126] Y Matsumura, Gaseificação hidrotérmica da biomassa. In: Avanços Recentes na Conversão Termoquímica de Biomassa, Elsevier; 251-267, (2015)

[126] I. U. Haq et al., Avanços na valorização da biomassa Iignocel-Iulósica para a geração de energia, Catalysts, 11, 309. doi:10.3390/catal11030309, (2021)

[127] Jha, S., Nanda, S., Acharya, B., & Dalai, A. K. (2022). A review of thermochemical conversion of waste biomass to biofuels (Uma revisão da conversão termoquímica de biomassa residual em biocombustíveis). Energies, 15, 6352. doi:10.3390/en15176352

[128] S. Y. Lee, R. Sankaran, K. W. Chew, C. H. Tan, R. Krishnamoorthy, D. T. Chu, & P. L. Show, Waste to bioenergy: A review on the recent conversion technologies.

BMC Energy, 1,
4. doi:10.1186/s42500-019-0004-7, (2019)

[129] R Kataki et al. Adequação de matérias-primas para processos termoquímicos. In: Avanços recentes na conversão termoquímica de biomassa, Elsevier, 31-74, (2015)

[130] S. V. Vassilev, D. Baxter e C.G. Vassileva, An overview of the behaviour of biomass during combustion: Parte I, Phase-mineral transformations of organic and inorganic matter.
Fuel, 112, 391-449, (2013)

[131] P. McKendry, Energy production from biomass (part 1): Overview of biomass, Bioresource Technology, 83(1):37-46, (2002)

[132] R. Saxena, D. Adhikari e H. Goyal, Biomass-based energy fuel through biochemical routes: A review. Renewable and Sustainable Energy Reviews, 13(1):167-178, (2009)

[133] S. Arvelakis and E. Koukios, Physicochemical upgrading of agroresidues as feedstocks for energy production via thermochemical conversion methods. Biomass and Bioenergy, 22(5), 331-348, (2002)

[134] S. V. Vassilev et al, An overview of the chemical composition of biomass, Fuel, 89(5),913-933, (2010)

[135] R. Seth e S. Bajpai, Necessidade de energia de biomassa na Índia, Progress In Science and Engineering Research, 2(6), 13-17, (2015)

[136] P. Ammendola e F. Scala, Attrition of lignite char during fluidized bed gasification, Experimental Thermal and Fluid Science, 43, 9-12, (2014)

[137] S. Kore et al., Gaseificação a vapor de casca de café em gaseificador de leito fluidizado borbulhante, In: Actas da Quarta Conferência Internacional sobre Bioambiente, Biodiversidade e Energias Renováveis, Bionature, Citeseer, (2013)

[138] Y. Richardson, J. Blin e A. A. Julbe, breve visão geral sobre purificação e condicionamento de syngas produzido por gaseificação de biomassa: Catalytic strategies, process intensification and new concepts, Progress in Energy and Combustion Science, 38(6):765-781, (2012)

[139] S. K. Sansaniwal et al. Avanços recentes no desenvolvimento da tecnologia de gaseificação de biomassa: A comprehensive review, Renewable and Sustainable Energy Reviews, 72, 363384, (2017)

[140] A. V. Bridgwater, Thermal biomass conversion and utilization - Biomass information system publicado pelo Serviço das Publicações Oficiais da Comunidade Europeia - EUR 16863 PT, (1996)

[141] J. Lede, J. P. Diebold, G. V. C. Peacocke e J. Piskorz, The nature and properties of intermediate and unvapourized biomass pyrolysis materials in Developments in thermochemical biomass conversion, Banff, Canada, Edited by Black academic & professional (1997)

[142] W. Prins e B. M. Wagenaar, Review of rotating come technology for flash pyrolysis of biomass in Biomass Gasification and pyrolysis, State of the art and futures prospects, CPL press (1997)

[143] J. P. Makwana, J. Pandey, & G. Mishra, Improving the properties of producer gas using high temperature gasification of rice husk in a pilot scale fluidized bed gasifier (FBG), Renewable Energy, 130, 943-951, doi:10.1016/j.renene.2018.07.011, (2019)

[144] P. Tanger, J. L. Field, C. E. Jahn, M. W. DeFoort, & J. E. Leach, Biomassa para conversão termoquímica, alvos e desafios. Fronteiras em Ciências Vegetais, 4, 218, doi: 10.3389 / fpls.2013.00218, (2018)

[145] M. R. Chandraratne, and A. G. Daful, Recent advances in thermochemical conversion of biomass, In M. Bartoli & M. Giorcelli (Eds.), Recent Perspectives in Pyrolysis Research, IntechOpen. doi:10.5772/intechopen.100060, (2022)

[146] V. Dhyani e T. Bhaskar, Uma revisão abrangente sobre a pirólise da biomassa lignocelulósica, Renewable Energy, 129, 695-716, (2018)

[147] H. Yang et al, Characteristics of hemicellulose, cellulose and lignin pyrolysis, Fuel, 86(12-13), 1781-1788, (2007)

[148] R. Williams, Handbook of Wood Chemistry and Wood Composites, Boca Raton, FL, EUA: CRC Press, 139-185, (2005)

[149] Wu S et al. Interações celulose-hemicelulose durante a pirólise rápida com diferentes temperaturas e métodos de mistura, Biomass and Bioenergy, 95, 55-63, (2016)

[150] A. K. Varma e P. Mondal, Pirólise do bagaço de cana-de-açúcar em reator de semi-batelada: Efeitos dos parâmetros do processo nos rendimentos e na caraterização dos produtos, Industrial Crops and Products, 95, 704-717, (2017)

[151] S. Sharma, R. Meena, A. Sharma e P. k. Goyal, Biomass Conversion Technologies for Renewable Energy and Fuels: A Review Note, IOSR Journal of Mechanical and Civil Engineering (IOSR-JMCE), 11(2), Ver. III, 28-35, (2014)

[152] A. Garba, Tecnologias de conversão de biomassa para a produção de bioenergia: Uma Introdução, Biomassa, DOI: http://dx.doi.org/10.5772/intechopen.9366, (2020)

[153] A. Anukam, A. Mohammadi, M. Naqvi, & K. Granstrom, A review of the chemistry of anaerobic digestion, Methods of accelerating and optimizing process efficiency, Processes, 7, 504, doi:10.3390/pr7080504, (2019)

[154] W. Czekala, Digestate as a source of nutrients, Nitrogen and its fractions, Water, 14, 4067. doi:10.3390/w14244067, (2022)

[155] C. M. Zhang et al. Produção efectiva de etanol através da reutilização de efluentes da digestão anaeróbia de resíduos de destilação num processo de fermentação

integrado associado a etanol e

fermentações de metano. Bioprocess and Biosystems Engineering, 33(9), 1067-1075, (2010)

[156] X-Y. Cheng, Q. Li e C-Z. Liu, Coprodução de hidrogénio e metano através da fermentação anaeróbia de resíduos de milho em reator de tanque agitado contínuo integrado com leito de lamas anaeróbias de fluxo ascendente, Bioresource Technology, 114, 327-333, (2012)

[157] A. A. Mariod, Extraction, purification, and modification of natural polymers, In O. Olatunji (Ed.), Natural Polymers, 63-91, Springer, doi:10.1007/978-3-319-26414-1_3, (2016)

[158] W, Zegada-Lizarazu and A. Monti, Are we ready to cultivate sweet sorghum as a bioenergy feedstock? Uma revisão das práticas de gestão no terreno. Biomassa Bioenergia 40, (2012)

[159] MJ. Darr e A. Shah, Biomass storage: an update on industrial solutions for baled

matérias-primas de biomassa. Biocombustíveis 3(3), 321-332, (2012)

[160] A. Kruse e E. Dinjus, Hot compressed water as reaction medium and reactant: Properties and synthesis reactions, Journal of Supercritical Fluids, 9, 362-380, (2007)

[161] M. Herrero, A. Cifuentes e E. Ibanez, Extração com fluido sub e supercrítico de ingredientes funcionais de diferentes fontes naturais: Plantas, subprodutos alimentares, algas e microalgas, Food Chemistry, 98,136-148, (2006)

[162] R. S. Ayala e L. Castro, Continuous subcritical water extraction as a useful tool for isolation of edible essential oils, Food Chemistry, 75, 109-113, (2001)

[163] T. Rogalinski, S. Herrmann, e G. Brunner, Production of amino acid from bovine serum albumin by continuous subcritical water hydrolysis, Journal of Supercritical Fluids, 36, 49-58, (2005)

[164] S. H. Khajavi, S. Ota, Y. Kimura e S. Adachi, Kinetics of malt oligosaccharide hydrolysis in subcritical water, Journal of Agricultural and Food Chemistry, 54, 3663-3667, (2006)

[165] L. Glasser, Água, água, em todo o lado: Phase diagrams of ordinary water substance, Journal of Chemical Education, 81, 414-418, (2004)

[166] E. Barbier, Geothermal Energy Technology and Current Status: An Overview, Renewable and Sustainable Energy Reviews, 6, 3-65, (2002)

[167] S. T. Dye, Geoneutrinos e o poder radioativo da Terra, Reviews of Geophysics, 50(3), RG300, (2012)

[168] A. Gando, D. A. Dwyer, R. D. McKeown e C. Zhang, Partial radiogenic heat model for Earth revealed by geoneutrino measurements, Nature Geoscience, 4(9), 647, (2011)

[169] I. B. Fridleifsson, R. Bertani, E. Huenges, J. Lund, A. Ragnarsson e L. Rybach, The possible role and contribution of geothermal energy to the mitigation of climate change, In: O. Hohmeyer e T. Trittin (Eds.) IPCC Scoping Meeting on Renewable Energy Sources, Proceedings, 59-80, (2008)

[170] T. Lay, J. Hernlund, and B. A. Buffett, Core-mantle boundary heat flow, Nature Geoscience, 1, 25-32, (2008)

[171] A. Manzella, Geothermal Energy, Instituto de Geociências e Recursos Terrestres - Pisa, Itália, EPJ Web of Conferences, 148, 00012, (2017)

[172] D. L. Turcotte, e G. Schubert, Geodynamics, segunda edição, Cambridge, Inglaterra, Reino Unido: Cambridge University Press, 136-137, (2002)

[173] C. I. Igwe, Geothermal Energy: A Review, International Journal of Engineering Research & Technology (IJERT), 10(03), (2021)

[174] A. Manzell, Geothermal energy, EPJ Web of Conferences 148, 00012 (2017)

[175] R. Dippo, Geothermal Power system, sect. 8.2 in standard Handbook of Powerplant Engineering 2nd ed., T.C. Eillott, K. Chen, and R. C. Swanekamp, eds., 8.27-8.60, (1998)

[176] G. Capttetti e G. Stefani, Strategies for sustaining Production at larderello, Geothermal resources council transactions, 18, 625-629, (1994)

[177] M. Gehringer e V. Loksha, Geothermal Handbook: Planning and Financing Power Generation, relatório técnico ESMAP n.º 002/12 (Banco Mundial, Washington, DC), (2012)

[178] B. Sigfusson e A. Uihlein, 2014 JRC Geothermal Energy Status Report (Serviço das Publicações da União Europeia), ISBN: 978-92-79-44614-6, ISSN: 1831-9424, (2015)

[179] B. Matek, Geothermal Power: International Market Overview, Associação de Energia Geotérmica, (2013)

[180] W. M. J. Batten, A. S. Bahaj, A. F. Molland e J. R. Chaplin, método numérico validado experimentalmente para o projeto hidrodinâmico de turbinas de marés de eixo horizontal, Ocean Eng, 34 (7), 1013-1020, (2007)

[181] P. R. Cave e E.M. Evans, Tidal stream energy systems for isolated communities, In: West MJ et al, editor, Alternative energy systems-electrical integration and utilisation, Oxford: Pergamon Press, (1984)

[182] R. H. Charlier e J. R. Justus, Ocean Energies: Environmental, Economic and Technological Aspects of Alternative power sources, Elsevier, (1993)

[183] S. Md. R. Tousif e S. Md. B. Taslim, Tidal Power: An Effective Method of Generating Power, International Journal of Scientific & Engineering Research, 2(5), (2011)

[184] J. Callaghan, e R. Boud, Future Marine Energy, Carbon Trust, (2006)

[185] J. Callaghan, Future marine energy: results of the marine energy challenge: cost competitiveness and growth of wave and tidal stream energy, Carbon Trust, (2006)

[186] P. L. Fraenkel, Power from marine currents, Proc Inst Mech Eng, Part A J Power and Energy, 216(A1), 1-14, (2002)

[187] C. Frost, C.E. Morris, A. Mason-Jones, D.M. O'Doherty e T. O'Doherty, The effect of tidal flow directionality on tidal turbine performance characteristics, Renewable Energy, 78, 609-620,(2015)

[188] G. Hagerman, and B. Polagye, Methology for Estimating Tidal Current Energy Resouces and Power Production by Tidal In-Stream Energy Conversion (TISEC) Devices EPRI, Indian Tide Tables, Indian and selected foreign ports, Government of India, New Delhi, (2006)

[189] A Goly e P Ananthakrishnan, Hydrodynamic analysis of a gulf-stream turbine using the vortex lattice method, In: Actas da conferência dos oceanos do IEEE, Seattle, WA, 20-23 de setembro, Nova Iorque: IEEE, (2010)

[190] I. G. Bryden e G. T. Melville, Choosing and evaluating sites for tidal current development, Proceedings of the Institution of Mechanical Engineers Part A Journal of Power and Energy, (2004)

[191] L. S. Blunden e A. S. Bahaj, Initial evaluation of tidal Stream Energy resources at Portland Bill, UK, Journal of Renewable Energy, 31, 121-132, (2006)

[192] D. J. C. MacKay, Enhancing Electrical Supply by Pumped Storage in Tidal Lagoons, Disponível em http://www.inference.phy.cam.ac.uk/mackay/Environment.html., (2007)

[193] A. Navya, J. S. N. Chaitanya e K. Chandramouli, Uma revisão sobre as centrais eléctricas das marés, Revista Internacional de Tendências Modernas em Ciência e Tecnologia, 7, 0707079, (2021)

[194] V. Khare, M. A. Bhuiyan, Tidal energy-path towards sustainable energy, A technical review, Cleaner Energy Systems, 3, 100041, (2021)

[195] K. Murali e V. Sundar, Reassessment of tidal energy potential in India and a decision-making tool for tidal energy technology selection, The International Journal of Ocean and Climate Systems, 1-13, 2017

[196] Vikas M, S. Rao e J. K. Seelam, TIDAL ENERGY: A REVIEW, Actas da Conferência Internacional sobre Hidráulica, Recursos Hídricos e Engenharia Costeira (Hydro2016), CWPRS Pune, Índia, 2320-2329, (2016)

[197] Q. Du e D. Y. C. Leung, "2D Numerical Simulation of Ocean Waves," no Congresso Mundial de Energias Renováveis, 2183-2189, (2011)

[198] C. J. Cleveland e R. U. Ayres, (eds.), "Encyclopedia of Energy," Elsevier Academic Press, Amesterdão (Países Baixos), (2004)

[199] J. Brooke, Wave Energy Conversion, Elsevier, Amesterdão (Países Baixos),

(2004)

[200] Renewable energy resources: opportunities and constraints 1990-2020, Relatório técnico, Conselho Mundial da Energia, Londres (Reino Unido), (1993)

[201] T. W. Thorpe, An Overview of Wave Energy Technologies, Relatório AEAT-3615, Gabinete de Ciência e Tecnologia, AEA Technology, (1999)

[202] M. Previsic, R. Bedard, e G. Hagerman, Offshore Wave Energy

Conversion Devices, Electric Power Research Institute (EPRI) Report no. WP 004 US, Palo Alto (CA, EUA), (2004)

[203] WAVEROLLER, Near-shore vs. off-shore, [Em linha]. Disponível: http://awenergy.com/wave-energy-resources/near-shore-vs-off-shore, (2014)

[204] L. Duckers, Wave Energy, em Renewable Energy: Power for a Sustainable Future, Oxford University Press, Oxford, (2004)

[205] B. ALESSANDRA, WAVE ENERGY: A PROMISING RENEWABLE SOURCE, Universita Del Salento, 1-23, (2008)

[206] Wave energy, The economics and technology of taming Atlantic waves, (2013) [Em linha]. Disponível: http://www.waveenergy.ie/.

[207] C. Ngô, I. Lescure, and G. Champvillard, Electricity generation technology and integration system - Energy from the Sea, (2004)

[208] Pico OWC, [Online]. Disponível: http://www.pico-owc.net/.

[209] T. W. Thorpe, An Overview of Wave Energy Technologies: Status, Performance and Costs, no. novembro, 1-16, (1999)

[210] ENERGETECH energia das ondas - energia sustentável, [Em linha]. Disponível: www.energetech.com.au.

[211] B. Drew, A. R. Plummer, e M. N. Sahinkaya, Uma revisão do conversor de energia das ondas

tecnologia, Proc. Inst. Mech. Eng. Part A J. Power Energy, 223(8), 887-902, (2009)

[212] Pelamis Wave Power, [Online]. Disponível: http://www.pelamiswave.com/.

[213] L. Hamilton, AWS Ocean Energy Ltd, Implantação, monitorização e avaliação de um protótipo de dispositivo avançado de energia das ondas, (2006)

[214] AW Energy - WaveRoller, [Online]. Disponível: http://aw-energy.com/.

[215] R. D. A Henry, K. Doherty, L. Cameron e T. Whittaker, avanços na conceção do conversor de energia das ondas ostra, 1-10, (2011)

[216] G. Boyle, Renewable Energy, Power for a Sustainable Future. Oxford: Oxford University Press em associação com a Open University, (1996)

[217] L. SZABÓ, C. OPREA, C. FEÇTILÃ e E. DULF, Study on a Wave Energy Based Power System, Proceedings of the 2008 International Conference on Electrical

Machines, (2008)

[218] B. Guo and J. V. Ringwood, A review of wave energy technology from a research and commercial perspective, IET Renew. Power Gener., 15, 3065-3090, (2021)

[219] B. Drew, A. R. Plummer, e M. N. Sahinkaya, A review of wave energy converter technology, Proc. IMechE, Part A: J. Power and Energy, 223, (2009)

[220] M. Neshat, E. Abbasnejad, Q. Shi, B. Alexander e M. Wagner, Método de otimização adaptativo baseado em neurosurrogate para otimização da colocação de conversores de energia das ondas. arXiv:1907.03076.doi: 10.1007/978-3-030-36711-4_30, (2019)

[221] M. Neshat, B. Alexander, N. Sergiienko e M. Wagner, Uma estrutura de algoritmo evolutivo híbrido para otimizar a tomada de energia e a colocação de conversores de energia das ondas, em Proceedings of the Genetic and Evolutionary Computation Conference (GECCO'19) (Praga), (2019)

[222] M. Goteman, M. Giassi, J. Engstrom e J. Isberg, Avanços e desafios das ondas na otimização do parque de energia das ondas - uma revisão, Fronteiras na investigação energética, 26(8), (2020)

[223] Y. Liu, B. Ding, B. Zhou, P. Cong e S. Zheng, Editorial: Advances and Challenges in

Colheita de energia das ondas oceânicas, Fronteiras na investigação energética, 614904(8), (2020)

[224] A. Rafiee e J. Fievez, Numerical Prediction of Extreme Loads on the CETO Wave Energy Converter, Actas da 11.ª Conferência Europeia sobre Energia das Ondas e das Marés, Nantes, França, (2015)

[225] B. R. Martin, Foresight in science and technology, Technology Analysis & Strategic Management, 7(2),139-168. https://doi.org/10.1080/09537329508524202, (1995)

[226] B. R. Martin, The origins of the concept of 'foresight' in science and technology: An insider'sperspective. Technological Forecasting and Social Change, 77(9), 1438-1447.https://doi.org/10.1016/j.techfore.2010.06.009, (2010)

[227] M. A. Montoro, A. M. O. Colón, J. R. Moreno e K. Steffens, Emerging technologies, Analysis and current perspectives, Disponível em https://www.researchgate.net/publication/358835075 Tecnologias emergentes Análise e perspectivas actuais, 186-210, (2019)

[228] A. L. Porter, Technology futures analysis: Technological Forecasting and Social Change, 71(3), 287-303, https://doi.org/10.1016/j.techfore.2003.11.004, (2004)

[229] A. L. Porter, & M. J. Detampel, Technology opportunities analysis, Technological Forecasting and Social Change, 49(3), 237-255, https://doi.org/10.1016/0040- 1625(95)00022-3, (1995)

[230] F. W. Geels, Processes and patterns in transitions and system innovations: Refining the co-evolutionary multi-level perspective, Technological Forecasting and Social Change, 72(6), 681-696.https://doi.org/10.1016/j.techfore.2004.08.014, (2005)

[231] M. Giardina, A distributed interaction model for the development of intelligent networked learning diagnostic system, (T. W. Chan, A. Collins, & J. X. Lin, Eds.), Beijing:
China Higher Education Press Beijing, (1998)

[232] D. Rotolo, D. Hicks e B. R. Martin, What is an Emerging Technology?, Research Policy, 44(10), 1827-1843, (2015)

[233] Dr. A. B. Jaafar, o Ignieuir - Revista do Conselho de Engenheiros, Malásia, 77, (2019)

[234] J. Ju-Yong, R. Chang-Hyon, C. Myong-sin e O. Hyon-chol, Avaliação abrangente das tecnologias de recuperação de calor residual marinho com base na análise de correlação Hierarchy-Grey, J. Ocean Eng. Sci, 4, 308-316, doi:10.1016/jjoes.2019.05.006, (2019)

[235] Z. Yung e Y. Wei, Aumento da potência do conversor de energia das ondas do tipo pontão

através de resposta hidroelástica e sistema de tomada de força variável, J. Ocean Eng.Sci., 5, 1-18, doi:10.1016/jjoes.2019.07.002, (2020)

[236] M. Solano, M. Canals e S. Leonardi, Barotropic boundary conditions and tide forcing in split-explicit high-resolution coastal ocean models, J. Ocean Eng. Sci., 5, 249-260, doi:10.1016/j.joes.2019.12.002., (2020)

[237] S.S. Kulkarni, L. Wang, N. Golsby e M. Lander, Otimização baseada na interação fluido-estrutura em turbinas de maré: uma revisão de perspetiva, J. Ocean Eng. Sci., doi:10.1016/j.joes.2021.09.017., (2021)

[238] J. Meckling, The developmental state in global regulation: Economic change and climate policy, Eur. J. Int. Relations, 24, 58-81, (2018)

[239] L. Seungtaek, L. Hosaeng, M. Junghyun e K. Hyeonju, Dados de Simulação da Análise Económica Regional da OTEC para a Área Aplicável. Processes, 8, 1107, (2020)

[240] N. Ullah, M. A. Ali, A. Ibeas e J. Herrera, Controlo adaptativo de modo deslizante terminal de ordem fracionária de um sistema de energia eólica baseado em gerador de indução duplamente alimentado, IEEE Access, 5, 21368-21381,(2017)

[241] T. Ahmad, D. A. Zhang, Critical Review of Comparative Global Historical Energy Consumption and Future Demand: The Story Told So Far, Energy Rep, 6, 1973-1991, (2020)

[242] P. J. Megia, A. J. Vizcaino, J. A. Calles e A. Carrero, Hydrogen Production Technologies: Dos combustíveis fósseis às fontes renováveis, uma mini revisão, Combustíveis energéticos, 35, 16403-16415, (2021)

[243] Y. Yang, L. Du, M. Hosokawa e K. Miyashita, Conteúdo total de lípidos, classe de lípidos e composição de ácidos gordos de dez espécies de microalgas, J. Oleo Sci, 69, 1181-1189, (2020)

[244] E. M. Aro, From First Generation Biofuels to Advanced Solar Biofuels, Ambio, 45, 2431, (2016)

[245] D. G. Barta, V. Coman e D. C. Vodnar, Microalgas como fontes de ácidos gordos polinsaturados ómega 3: aspetos biotecnológicos, Algal Res, 58, 102410, (2021)

[246] L. Brennan, e P. Owende, Biofuels from microalgae-a review of technologies for production, processing, and extractions of biofuels and co-products, Renew. Sustain. Energ.
Rev, 14, 557-577, (2010)

[247] A. Tobón, J. P. Restrepo, J. P. V. Ceballos, S. I. S. Garcés, J. Herrera e A. Ibeas, Maximum power point tracking of photovoltaic panels by using improved pattern search methods, Energies, 10, 1316, (2017)

[248] H. G. Ali, R. V. Arbos, J. Herrera, A. Tobón e J. P. Restrepo, J. Controlador de modo deslizante não linear para painéis fotovoltaicos com seguimento do ponto de potência máxima, Processes, 8, 108, (2020)

[249] J. Herrera, S. Sierra e A. Ibeas, Ocean Thermal Energy Conversion and Other Uses of Deep-Sea Water: A Review, J. Mar. Sci. Eng., 9, 356 2-16, (2016)

[250] A. Tinaikar, A. Padate e J. Jain, Ocean thermal energy conversion, International Journal of Energy and Power Engineering, 2(4), 143-146, (2013)

[251] V. Mane e S. SalunkhePatil, Ocean Thermal Energy Conversion: Uma revisão, JETIR, 7(9), (2020)

[252] A. Abuzaid, M. Hrairi, e M. S. I. Dawood, Estudo do controlo estrutural ativo e da reparação com recurso a adesivos piezoeléctricos, *Actuadores,* **4**, 77-98, (2015)

[253] A. Toprak e O. Tigli, Piezoelectric energy harvesting: State-of-the-art and challenges, *Appl. Phys. Rev,* **1**, 031104, (2014)

[254] K. Uchino, *Introduction to Piezoelectric Actuators and Transducers,* University Park, State College, PA, EUA, (2003)

[255] M. Yoichi, Aplicações do Atuador Piezoelétrico, *NEC Tech. J.,* **1**,82-86 (2005)

[256] S. R. Anton e H. A. Sodano, A review of power harvesting using piezoelectric materials (2003-2006), Smart Mater. Struct., 16(3), 1- 21, (2007)

[257] A. Tabesh e L. G. Frechette, Um modelo eletromecânico melhorado de pequenas deformações para actuadores piezoeléctricos de feixes de flexão e colectores de energia,

J. Micromech Microeng., 18(10), 1-12, (2008)

[258] L. Mora, M. Deakin, and A. Reid, Strategic principles for smart city development: A multiple case study analysis of European best practices, Technol. Forecast. Soc. Change, (2018)

[259] A. Erturk e D. J. Inman, Piezoelectric energy harvesting, Wiley, (2011)

[260] W. C. Hwang e H. C. Park, Modelação por elementos finitos de sensores e actuadores piezoeléctricos, AIAAJ, 31(5), (1993)

[261] D. Damjanovic, Contributions to the piezoelectric effect in ferro-electric single crystals and ceramics, J. Am. Ceramic Soc., 88(10),2663-2676 (2005)

[262] R.M. Martin, Piezoeletricidade, Phys. Rev. B., 5, 1607, (1972)

[263] A. Behera, Piezoelectric Materials, Advanced Materials, https://doi.org/10.1007/978-3- 030-80359-9 243,(2022)

[265] R. Srinivasan, Sources, characteristics and effects of emerging technologies: Research opportunities in innovation, Industrial Marketing Management, 37, 633-640, (2008)

[266] Fine e H. Charles, Clock speed: Winning industry control in the age of temporary advantage, Reading, MA: Perseus Books, (1198)

[267] M. Katz e C. Shapiro, Technology adoption in the presence of network externalities, Journal of Political Economy, 94, 822-841, (1986)

[268] R. Srinivasan, G. L. Lilien e A. Rangaswamy, Technological opportunism and radical technology adoption: An application to e-business, Journal of Marketing, 66, 47-60, (2002)

[269] R. Srinivasan, G. L. Lilien e A. Rangaswamy, First in, first out? Effect of network externalities on pioneer survival, Journal of Marketing, 68(1), 41-57, (2004)

[270] R. Srinivasan, G. L. Lilien, and A. Rangaswamy, The emergence of dominant designs, Journal of Marketing, 70, 1-17, (2006)

[271] R. K. Srivastava, T. A. Shervani e L. Fahey, Market-based assets and shareholder value: A framework for analysis, Journal of Marketing, 62(1), 2-18, (1998)

[272] F. F. Suaréz, Battles for technological dominance: An integrated framework, Research Policy, 33(2), 271-286, (2004)

[273] B. D. Yoffie, Competing in the age of digital convergence, Boston, MA: Harvard Business School Press, (1997)

[274] S. Mohith et al, Tendências recentes em actuadores piezoeléctricos para movimentos de precisão e suas aplicações: uma revisão, Smart Mater. Struct, 30, 013002, (2021)

[275] S. O. Reza Moheimani, Artigo de revisão convidado: Accurate and fast nano

positioning with piezoelectric tube scanners: Emerging trends and future challenges, Rev. Sci. Instrum., 79, 071101, (2008)

[276] S. D. Mahapatra, P. C. Mohapatra, A. I. Aria, G. Christie, Y. K. Mishra, S. Hofmann e V. K. Thakur, Piezoelectric Materials for Energy Harvesting and Sensing Applications: Roteiro para futuros materiais inteligentes, Adv. Sci., 8, 2100864, (2021)

[277] S. A. Abbasi, Environment everyone, Nova Deli: Discovery Publishing House, (1998)

[278] RC Axtmann, Environmental impacts of a geothermal power plant, Science,187, 795803,(1975)

[279] W. K. Foell, M. E. Hanson e C. W. Green, Environmental considerations in renewable energy policy development and planning In: Energy investments and the environment, Instituto de Desenvolvimento Económico, 17-76, (1973)

[280] L. P. Rosa e R. Schaeffer, Greenhouse gas emissions from hydroelectric reservoirs, Ambio, 22(4), 164-5, (1993)

[281] D. Pimental, P. Poole e A. Bochner, Biomass energy: environmental and social costs, Environmental Biology Report 832, Ithaca (NY), Cornell University, 2-83, (1983)

[282] C. S. Sinha, Renewable energy programmes in India: some recent developments, Natural Resource, Forum ,18(3), 213-24, (1994)

[283] S. P. Patel e S. Shrivastava, Environmental Impacts of Renewable Energy Technologies, Conferência Nacional sobre Tendências Emergentes em Engenharia Mecânica, MED, Faculdade de Engenharia e Tecnologia G H Patel, (2009)

[284] T. J, Erinle, D. H. Oladebeye, O. M. Adesusi e P. B. Oni, Impacto ambiental das fontes de energia renováveis: Eólica e Solar, 2ª Conferência Internacional, Centro de Investigação, Inovação e Desenvolvimento (CRID) FPA, (2019)

[285] Prof. Dr. I. Soliman, Socio-Economic and Environmental Impact of Renewable Energy, 2nd International workshop on the renewable efficient energy technology, (2012)

[286] M. Kumar, Social, Economic, and Environmental Impacts of Renewable Energy Resources, DOI: 10.5772/intechopen.89494, (2020)

[287] M. Farghali, A. I. Osman e Z. Chen et al., Social, environmental, and economic consequences of integrating renewable energies in the electricity sector: a review, Environ. Chem. Lett., 21, 1381-1418, (2023)

[288] A. K. Akella et al. Social, economical and environmental impacts of renewable energy systems, Renewable Energy, 34, 390-396, (2009)

[289] Hicks et al. Community-owned renewable energy (CRE): Opportunities for Australia, Rural Society, 244-255, (2011)

[290] J. R. P. Manso e N. B. Behmiri, Renewable Energy and Sustainable

Development, Estudios de Economia aplicada, 31(1), 7 -34, (2013)

[291] V. Campos-Guzmán et al., Análise do ciclo de vida com tomada de decisão multicritério: A review of approaches for the sustainability evaluation of renewable energy technologies, Renewable and Sustainable Energy Reviews, 104, 343-36, (2019)

[292] J. Dewulf e H. V. Langenhove, Assessment of the Sustainability of Technology by Means of a Thermodynamically Based Life Cycle Analysis, ESPR - Environ Sci & Pollut Res, 9 (4), 267 - 273, (2002)

[293] Evert A. Bouman, A life cycle perspective on the benefits of renewable electricity generation, Relatório Eionet - ETC/CME 4/2020 - dezembro de 2020, (2020)

[294] M. G. Hemeida, A. M. Hemeida, T. Senjyu e D. Osheba, Tecnologias de recursos energéticos renováveis e avaliação do ciclo de vida: Review, Energies, 15(24), 9417, (2015)

[295] S. O. Idowu et al., (eds.), Encyclopedia of Sustainable Management, https://doi.org/10.1007/978-3-030-02006-4 289-1, (2023)

[296] A. K. Pandey, P. Singh, S Srivastava, S. Tripathi e C. K. Dixit, Thermo Elastic Properties of Nanomaterials under High compression, 12:2, J Nanomater Mol Nanotechno, (2023)

[297] S Srivastava, A.K Pandey e C K Dixit, Previsão teórica das propriedades termoelásticas dos nanotubos de carbono (CNTs) a diferentes pressões ou compressões utilizando a equação de estados. J Math Chem, 61, 2098-2104 (2023).

[298] S. Srivastava, A K. Pandey e C K Dixit, Theoretical prediction of Gruneisen Parameter for Y- Fe2O3, computational condensed matter, 35, e00801(2023)

[299] S Srivastava, C K Dixit e A K Pandey, Estudo comparativo das propriedades elásticas de alguns cristais moleculares inorgânicos e orgânicos utilizando EOS isotérmico Disponível em SSRN: http://ssrn.com/abstract=4427891 ou http://dx.doi.org/10.2139/ssrn.4427891,(2023)

[300] Shivam Srivastava et al., Equation of states at extreme compression ranges: Pressure and Bulk modulus as an example, Materials Open, doi: 10.1142/S2811086223500073

[301] A K Pandey, S Srivastava e C K Dixit, et al. Shape and Size Dependent Thermophysical Properties of Nanomaterials. Irão J Sci (2023)

[302] A.K Pandey, C.K Dixit e S Srivastava, Modelo teórico para a previsão da energia da rede de halogenetos metálicos diatómicos. J Math Chem (2023)

[303] A Pandey, S Srivastava, & C K Dixit, A Paradigm Shift in High-Pressure Equation of State Modeling: Unveiling the Pressure-Bulk Modulus Relationship. Irão J Sci (2023)

[304] AK Pandey, S Srivastava, P Singh, S Tripathi e CK Dixit Previsão teórica do parâmetro de Gruneisen para o nano sulfureto de chumbo em diferentes compressões.

(2023) https://doi.org/10.21203/rs.3. rs-3159558/v1

[305] S Srivastava, P Singh, A Pandey e C K Dixit, Solid State communication 377, 115387 (2023)

[306] A K Pandey, C K Dixit, S Srivastava, P Singh e S Tripathi, Theoretical Prediction of Thermo-Elastic Properties of TiO2 (Rutile Phase), Natl. Acad. Sci. Lett. (2023)

[307] S Srivastava, P Singh, A Pandey e C K Dixit, Nano Structure & Nano objects, 36, 101067 (2023)

[308] S Srivastava, A K Pandey e C K Dixit, Estudo comparativo das propriedades elásticas de alguns cristais moleculares inorgânicos e orgânicos a partir de EOS. J Math Chem (2023).
https://doi .org/10.1007/s10910-023-01546-9

[309] C K Dixit, S Srivastava, P Singh e A K Pandey, nano-structures & nano-objects, 38, 101121,(2024)

[310] S Srivastava, P Singh, C K Dixit, e A K Pandey, armazenamento de energia, 6, e606, (2024)

[311] S Srivastava, P Singh, A K Pandey e C K Dixit, Analysis of Grunesien Parameter for Carbides and Bromides in Cast Iron, Iranian Journal of science, (2024), https://doi .org/10.1007/s40995-024-01602-2

Printed by Books on Demand GmbH, Norderstedt / Germany